点点滴滴地藏，

集成了一大仓。

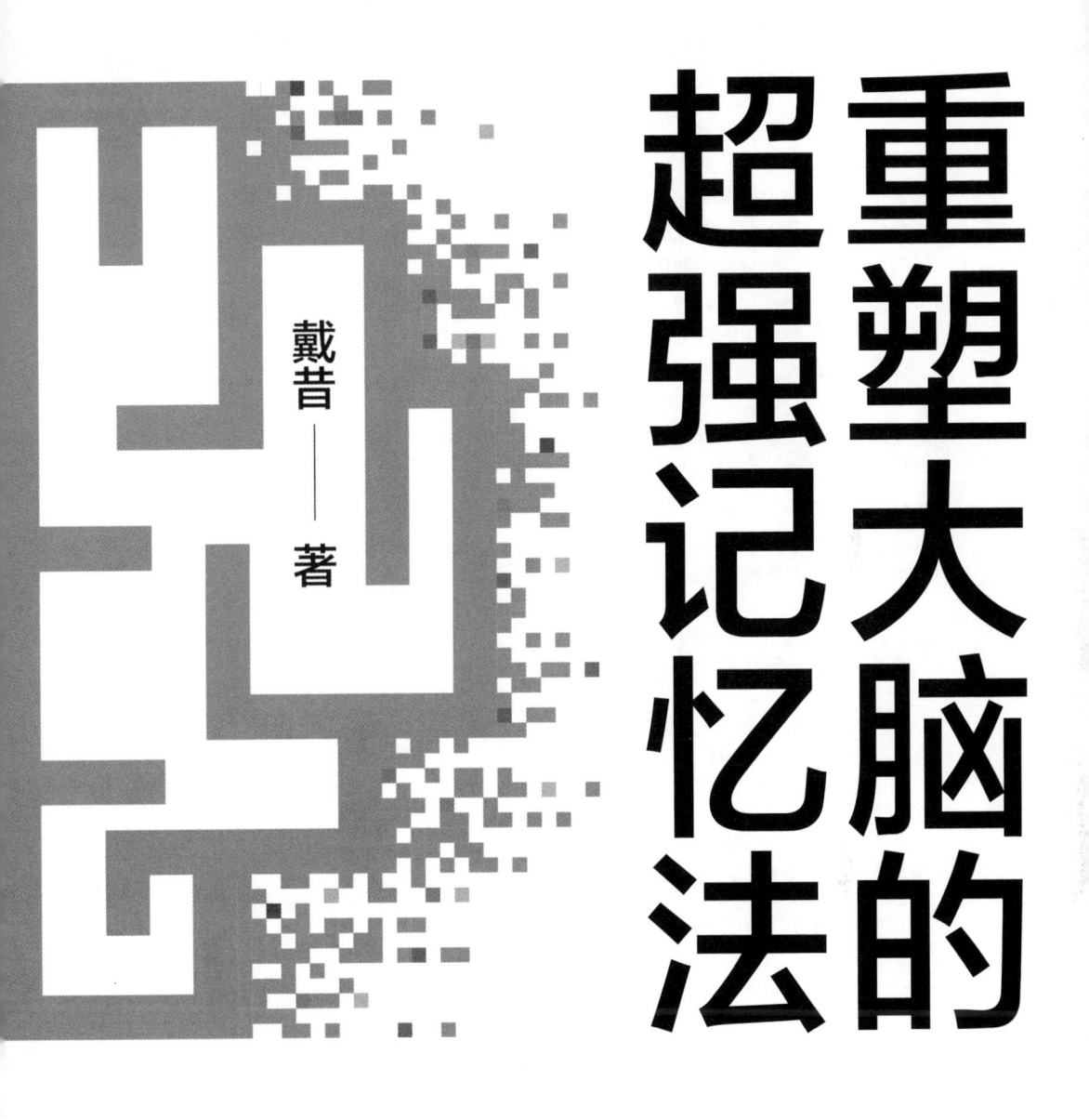

重塑大脑的超强记忆法

戴昔 —— 著

中国纺织出版社有限公司

内 容 提 要

记忆是一切学习的基础，出色的记忆能力让学习事半功倍，而记忆法是让记忆更高效的神奇工具。这本书从大脑中记忆的诞生开始，系统全面地讲解了记忆的基础理论，以及面对不同类型素材的记忆方案，帮助你完成从理解记忆的本质到将记忆法实际应用的蜕变。

一个工具的使用，唯有刻意练习直到融会贯通，才能得心应手，而一个经验丰富的引路人，可以帮助你用最快的速度走完最远的路。本书作者戴昔深耕记忆领域多年，在世界记忆锦标赛上获得"世界记忆大师"荣誉称号，同时从事生命科学科研工作，有着大量记忆法的实践经验。现在，她将自己的学习和实践经验写入书中，希望能给予在记忆中遇到困惑的读者一些帮助。

图书在版编目（CIP）数据

重塑大脑的超强记忆法 / 戴昔著.--北京：中国纺织出版社有限公司，2023.8
ISBN 978-7-5229-0670-6

Ⅰ．①重… Ⅱ．①戴… Ⅲ．①记忆术 Ⅳ．①B842.3

中国国家版本馆CIP数据核字（2023）第102686号

责任编辑：郝珊珊　　责任校对：高　涵　　责任印制：储志伟

中国纺织出版社有限公司出版发行
地址：北京市朝阳区百子湾东里A407号楼　邮政编码：100124
销售电话：010—67004422　传真：010—87155801
http://www.c-textilep.com
中国纺织出版社天猫旗舰店
官方微博 http://weibo.com/2119887771
鸿博睿特（天津）印刷科技有限公司印刷　各地新华书店经销
2023年8月第1版第1次印刷
开本：710×1000　1/16　印张：13.5
字数：186千字　定价：62.80元

凡购本书，如有缺页、倒页、脱页，由本社图书营销中心调换

序

我是戴昔，从事生命科学相关的研究工作。我是一个竞技记忆运动爱好者，在 2017 年第 26 届世界记忆锦标赛上，我获得了世界记忆大师的荣誉。同时我也是实用记忆的长期践行者，一直在尝试把各种记忆法应用到日常的学习生活中。

初识记忆法，我还是一个在校学生，偶然间了解到记忆法的魔力，就产生了浓厚的兴趣，从此便一发不可收拾。除了参与世界记忆锦标赛这样的竞技记忆赛事，我也一直在对记忆法的实践应用做着各种尝试，从理化知识，到文学信息，再到语言学习，感受着它的强大，也摸得到它的边界。就这样年复一年，记忆法伴随我从学校走向社会，几乎已经融入了我的血液。

科研工作的特殊性，决定了我无时无刻不在学习新的东西，在这个过程中，我也感受到了学习力的重要性，而记忆，则是一切学习的基础。记忆法有着无限可能，只是很多爱好者常常困惑于如何将它转变为真正属于自己的工具。写下这本书，就是想将自己近十年记忆法学习和应用的经验分享给你们，希望我的心得感受，可以帮助到你。

戴昔

2023 年 2 月 28 日

目录 ◂ CONTENTS

上篇 认识我们的大脑

第一章 大脑的功能

第一节　大脑的功能分区 / 3
第二节　记忆过程的诞生 / 9
第三节　我们为什么会遗忘 / 18
第四节　让你的大脑更健康 / 25

第二章 挖掘大脑的力量

第一节　决策力 / 29
第二节　创造力 / 34
第三节　注意力 / 38

中篇 记忆法的核心理论

第三章 超级记忆术的基础工具

第一节　像原始人一样记忆——形象记忆 / 47
第二节　给记忆挂上钩子——组合联想 / 57
第三节　串起记忆的糖葫芦——故事法 / 67
第四节　化繁为简的利器——歌诀法 / 75
第五节　来自未来的脑机接口——绘图记忆 / 82

第六节　图文结合的思维形象化工具
　　　　——思维导图 / 89

第四章　无限可能的定桩法

第一节　数字定桩法 / 99
第二节　古罗马的智慧——记忆宫殿法 / 110
第三节　寻找自己的桩子——万物定桩法 / 121

下篇　记忆法的进阶应用

第五章　历史知识的记忆

第一节　年代信息的记忆 / 129
第二节　简答题目——并列信息的记忆模型 / 133
第三节　应用挑战——"鸦片战争" / 136

第六章　政治知识的记忆

第一节　专业词语的形象转化 / 138
第二节　论述记忆——多层信息的记忆模型 / 140
第三节　应用挑战——考点知识的记忆应用 / 144

第七章　生物知识的记忆

第一节　零散信息的记忆 / 146
第二节　应用挑战——细胞器的分工 / 148

第八章 英语单词的记忆

第一节　英文单词怎么记？ / 153
第二节　单词的拆分组合——组块记忆 / 156
第三节　单词也有偏旁部首——词根词缀 / 158
第四节　词组记忆 / 164
第五节　单词中的撞脸怪——以熟记新 / 168

第九章 长篇文章的记忆

第一节　现代文的记忆 / 176
第二节　记忆英语课文 / 179

附加篇

第十章 世界记忆大师的修炼之旅

第一节　竞技记忆赛事 / 191
第二节　我的世界记忆大师之路 / 195
第三节　大师后生活 / 201

后　记 / 205

上篇
认识我们的大脑

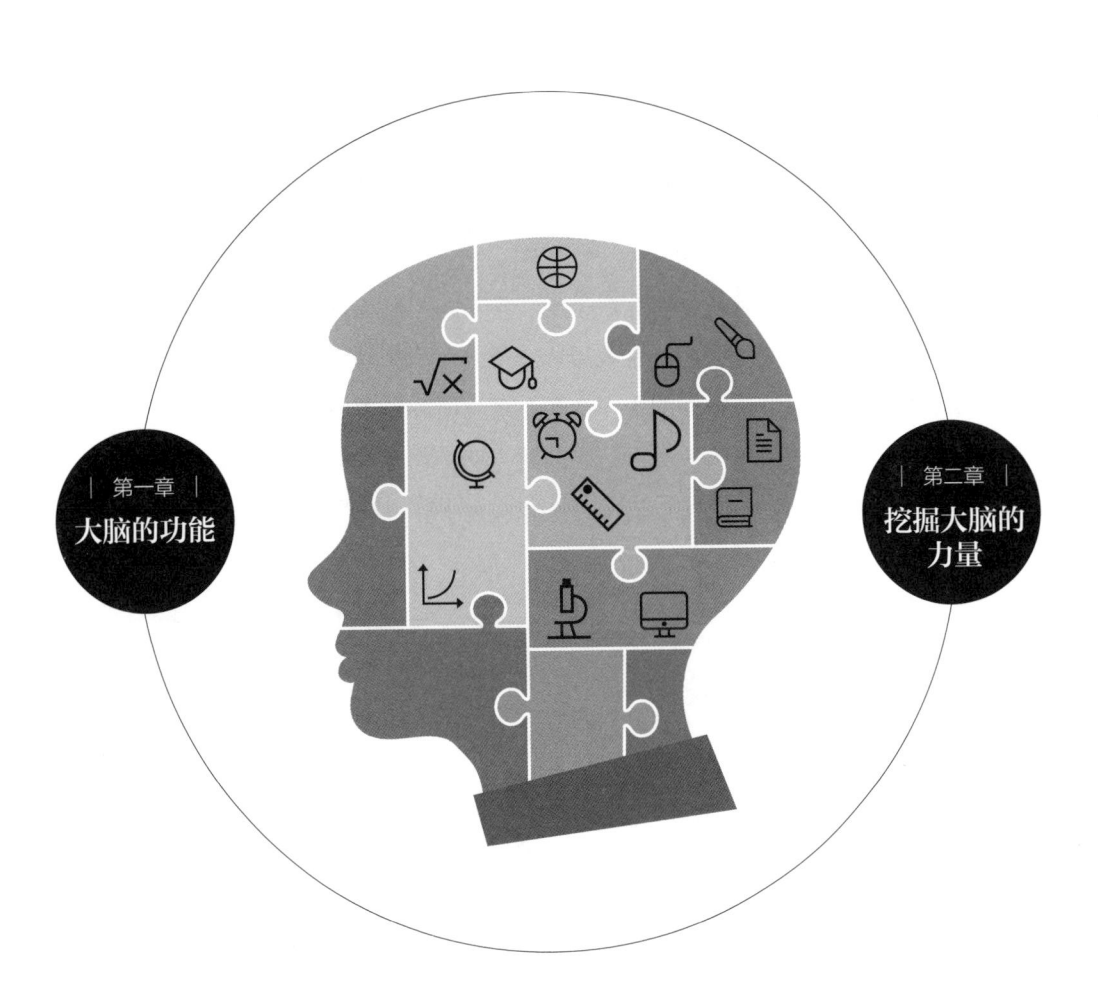

| 第一章 |
大脑的功能

| 第二章 |
挖掘大脑的力量

在我们的所有身体器官中，大脑就像是中心处理器一样的存在，它直接控制着人们的思维、想法和情绪等，而后全面控制着人体的活动。

那么，大脑是如何完成思考、学习、记忆和决策等思维活动的呢？人们的主观想法产生之后，又是如何转变为客观的肢体活动的呢？认知心理功能和生理基础之间究竟有怎样的关系呢？这些问题长期困扰着科学家们和哲学家们，也由此衍生出了认知心理学和神经生物学等学科领域。

在开始提升记忆力之前，我们先来了解一下大脑的基本结构，以及隐藏在大脑中的力量。

第一章
大脑的功能

第一节　大脑的功能分区

● **如果我们将大脑切开，会是什么样子呢？**

科学家们将大脑分为三个区域，前脑、中脑和后脑。但这三个区域的名字并非准确对应它们在一个成年人大脑结构中的位置，因为它们的名字来自胚胎发育中神经系统的生理结构。前脑的位置比较靠前，接近面部，而后是中脑，后脑则接近颈部。然而随着大脑的发育，它们的位置和方向也发生了变化，前脑变成了一个类似帽子的样子，生长在中脑和后脑的上面。

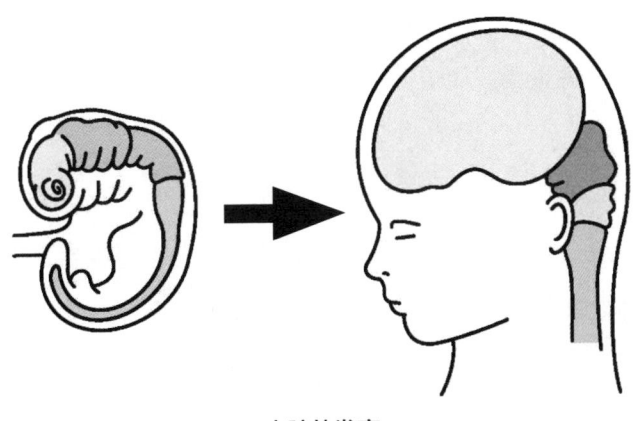

大脑的发育

> **tips**
>
> **你的大脑需要多少能量?**
>
> 大脑的功率与我们正在做的事情有关,当我们专注工作的时候,大脑功率相对较大,而当我们躺在床上放空自己的时候,功率相对就比较低了。一般来说,大脑的日常使用功率为12~20瓦。这个数字意味着什么呢?我们来看一组对比数据。台式电脑日常工作的功率从150~300瓦不等,即使是桌子上的台灯,工作功率也在15瓦左右,显然,我们的大脑处理的任务比台灯要多得多。反过来想,如果大脑工作时消耗的能量和电脑一样多,那么我们可能需要吃上几十倍的食物才能满足大脑的能量需求!

那么,组成大脑的每一个区域有什么样的功能,又如何控制我们的行为能力呢?

（一）前脑

前脑位于大脑顶部靠前的位置,包括大脑皮层、边缘系统、丘脑和下丘脑等结构。其中,大脑皮层与接收、处理感知信息相关,对于思考、计划等心理活动来说至关重要,而边缘系统中的海马体则在记忆的形成过程中扮演着很关键的角色。

海马体（hippocampus）,因为形状近似于海马而得名,对于学习、空间记忆等功能来说是必不可少的。同时,它还很像一个监视器,可以追踪物体的位置、物体之间的空间关系等。可以说,我们日常生活中众多习以为常的活动,如学习、观察,都有海马体的参与。

记忆能力是海马体最重要的功能之一,海马体对记忆的形成有着不可替代的作用。某些不良的生活习惯，如过度节食、酗酒等，会伴随健忘的症状，究其原因，可能与维生素的缺乏导致海马体的损伤有关。而曾经有一些人，因为大脑受到损伤，或是因为某些特别的原因摘除了海马体之后，虽然仍然可以回忆起过去发生的事，如曾经去过的地方、认识的老朋友等，但是无法再形成新的陈述性记忆，如脑损伤之后见过的人、去过的新地方，对于他们来说将永远是新的。关于海马体在记忆系统中的功能，将在下一章节有更深入的介绍。

此外，前脑中还有很多重要的区域。比如，在大脑的中心，和眼睛的水平高度接近的地方，有一块区域称为丘脑，它通过投射在大脑皮层上的神经元群，将大部分输入大脑的感觉信息分类，再传递到大脑皮层特定的区域。同时，丘脑也和睡眠、清醒的状态控制有关。如果丘脑出现异常变化，可能出现语言障碍、清醒-睡眠状态紊乱，导致幻觉和妄想等症状。

在丘脑下方，有一个小小的区域名为下丘脑，虽然重量仅占全脑的0.3%，却是调节内分泌活动的高级神经中枢。它与大脑边缘系统相互作用，参与调节诸多与生存相关的行为活动，包括捕食、战斗等，并且参与脑垂体的刺激，通过神经和血管等途径调节相关激素的产生和释放。

（二）中脑

中脑辅助控制眼球运动和身体协调。相比哺乳动物，中脑在非哺乳动物中控制着视觉和听觉信息，有着更为重要的作用，而哺乳动物的这些功能则是由前脑控制。在人脑的进化过程中，中脑保留着相对简单的结构，其中网状激活系统（reticular activating system，RAS）是中脑最重要的结构之一，这是一种对意识调节至关重要的神经元网络。

脑干是与中脑相关另一个重要区域，它连接着前脑和脊髓，结构上包括下丘脑、丘脑、中脑和后脑，维持生命中包括心跳、呼吸、体温等重要生理功能。医生会根据脑干反射消失与否来判断是否发生脑死亡。

（三）后脑

后脑位于脑颅的后部，由延髓、脑桥和小脑构成。延髓是一种细长的结构，位于脊髓进入颅骨并与大脑相连的位置。延髓调节着心脏活动，也是维持呼吸、消化等必要生命活动的基本中枢。如果延髓保持完整，即使其他部分损伤，呼吸等功能仍旧可以暂时维持。相对地，如果延髓受到伤害，可能会迅速引起死亡，因此延髓有着"生命中枢"之称。

脑桥的结构只在哺乳动物中存在。它含有大量神经纤维，像一个中继站，可以将信号从大脑的一个部分传递到另一个部分，有桥接的功能，因此得名"脑桥"。小脑的名字中虽然有小字，但其实它是后脑中最大的部分。小脑机能复杂，调节着身体的协调、平衡和肌肉张力。

人脑的发育其实分为产前和产后两个阶段。在产前阶段，个体大脑的发育过程大体与人类整个物种的大脑的进化相对应。后脑可以说是在进化历程中最古老而原始的部分，也是在产前阶段首先发育的脑区。接着是中脑，它是大脑中相对较新的部分。前脑则是大脑的最新进化产物，也是三个部分中最后发育的。

在人类的进化历程中，人脑的重量占身体的比例越来越大。一个刚刚出生的婴儿，大脑的重量可能占体重的10%~20%。然而，在出生后的发育过程中，大脑重量的占比却在逐渐下降。从进化的趋势来看，人脑进化趋向于增加神经元的复杂性，给予人类更强的行为控制能力和思考、计划行动方案的能力，而这也为大脑的训练应用留下了很多的可能性。

● **谁是世界上最聪明的人？**

很显然，大脑是生物角度来看表现人类智力的最基础器官。早期有很多科学家在研究大脑时，试图找到能够衡量人类智力和心理活动的生物学指标，比如什么样的大脑结构会让人有更高的智力，但是他们无一例外地失败了。从生物结构到智力表现，他们没法找到一个清晰的因果关系。

而随着科技的发展，研究大脑的科学工具越来越复杂，也越来越先进，科学家们重新看到了寻找智力的内在生理指标的可能性。到目前为止，科学界已经发现了一些专业的可供临床使用的智力心理指标，但它们的应用有很多限制，而使用这些衡量智力的方法得出的结论，虽然与生物学的研究存在一定的相关性，但依然无法建立因果联系。

那么，智力究竟与什么样的大脑特征相关呢？

一项统计学研究结果显示，大脑的体积与智力之间存在一种程度不高但确实是显著相关的统计关系。大脑中额叶和颞叶的很多区域中灰质的数量与智商确实密切相关，然而，与智力相关的大脑区域在男性和女性中似乎是不同的。当智力水平相当时，女性的前额叶更为重要，相对地，男性大脑的后部区域与智力相关性更大。人们常常说，男人来自火星，女人来自金星，而这项研究结果引发了一个猜测，即男性和女性可能确实有着不同的大脑结构，再加上后天所处环境的差异，也就逐渐产生了不同的思维方式。

另一种观点认为，智力可能与神经效率有关，这是基于大脑在活动过程中葡萄糖代谢效率的研究得出的结论。众所周知，葡萄糖是人体生命活动的能量来源，而科研人员发现，在完成一项任务时，一个更聪明的大脑消耗较少的葡萄糖，而且葡萄糖的代谢可能针对特定的区域，这部分区域显示出更高的代谢水平，这表明聪明的大脑好像很知道如何更有效地使用大脑。面对一项任务，聪明的大脑只要将能量集中输送到对应的功能区，其他区域则维持着较低的活性。然而，这样的研究也受到质疑，比如如何衡量给予参与者的任务的难易程度、实验设定的不同会影响结果等。甚至也有一些研究得出了完全相反的结论——聪明的大脑需要更多的能量。这似乎也解释了为什么生活中很多思想者更喜欢吃甜食，因为可以从中获取大量能量，以供大脑在思考问题时使用和消耗。另一项研究发现，在完成较困难的任务时，聪明的大脑的右脑葡萄糖代谢最高，这也印证了大脑区域的功能选择性。由此看来，葡萄糖的代谢与智力水平之间可能有着更为复杂的关系，仍然需要进一步的研究。

tips

爱因斯坦的大脑

说起人类历史上出现过的最聪明的人，大概很多人都会想到爱因斯坦，这位为世界带来相对论、光电效应等伟大发现的诺贝尔物理学奖得主。大家纷纷猜测，如此聪明的人会不会有一个与众不同的大脑。然而，面对公众的猜测，爱因斯坦却并不希望他的大脑，或者身体的其他器官被研究，因为他不想由此引起大众对他的个人崇拜。他留下了关于他的遗体的具体指示：火化，并秘密撒骨灰。

但爱因斯坦的愿望并没有实现。他临终前所在医院的一位医生，在没有得到爱因斯坦及其家人允许的情况下，竟然直接偷偷取走了他的大脑，将它带去了另一个城市，并分割成了240块。这件事以后的几十年里，这位医生一边工作，一边利用业余时间研究这些脑组织，甚至会切下部分大脑，寄给世界各地的研究人员。直到爱因斯坦去世后三十年，这位医生与他的合作者发表了第一份关于爱因斯坦大脑研究的报告，声称爱因斯坦大脑中部分细胞及相关结构与常人有着特别的差异，而且神经元组织较薄，意味着爱因斯坦的大脑神经元密集，有着更快的信息处理速度。研究人员表示，研究爱因斯坦的大脑或许可以帮助发现智力相关的神经基础。

但这些研究在一些心理学家看来，完全是无稽之谈！他们认为研究方案充满逻辑漏洞，比如爱因斯坦有着较薄的神经元组织，这个发现仅仅基于大脑中的一平方毫米，而且除这部分之外，也没有明确大脑其他结构与对照组的相似之处。既然没有其他部位的相似，又如何判断其中特定一部分的不同？而且，在相关研究中，只把爱因斯坦的大脑作为单独的一组，与其他脑组织进行比较，这在统计学上很难计算方差，也就无法判定实验数据在统计学上的可信度。而且，即使数据是可信的，也无法将生理结构上的差异与爱因斯坦某部分超常的能力直接联系起来。事实上，人的大脑结构在一生中的不同时期也会发生变化，用爱因斯坦七十多岁的大脑去解释他二十几岁时的成就，这件事本身也许就是不科学的，因此，心理学家们并不认同研究中的结论。

现在看来，爱因斯坦不希望他的大脑被研究，这或许也是他的智慧之处。爱因斯坦非常清楚大众对于像他这样的名人有着特殊的痴迷，以及科学家们希望通过研究他的大脑结构，来做出对于"天才是如何形成的"这一论题的判断，但他明白，这些研究是十分荒谬的。或许就像他生前所说，"不是所有有价值的东西都能被计算，也不是所有能被计算的东西都有价值"。

第二节　记忆过程的诞生

在这个章节开始之前，我们先做一个小测试，请回答以下问题：

你昨天的晚餐是什么？

小学一年级的时候，你入读的学校的名字是什么？

你最好的朋友叫什么？

你现在的家住在哪里？

这些问题并不难回答，对不对？虽然看起来它们不难回答，但这些问题对于一个人来说可能横跨了十多年的时间，而我们轻而易举地就将它们回忆出来了。我们的大脑能记住这么多来自不同时间、不同地点的信息，真是一件神奇的事！

那么在这个章节，我们将会详细地了解"记忆"这个神奇的过程，了解我们如何获取到信息，它是怎样在大脑中存储和保留，又是如何在我们需要的时候重新出现在脑海中。

通常来讲，记忆是一个动态的过程，可以分为三个步骤：信息接收、存储和提取。

信息的接收是记忆的开始，它源于我们的感官。比如，你收到了一个水果，眼睛会告诉你这个水果的样子，鼻子会闻到果香，手会知道这个水果的软硬程度和果皮是否光滑。在感知之后，大脑会对这些输入的信息进行"编码"，将它们转化为大脑自有的信息交流语言。而后，大脑会对转化后的信息进行存储。在存储的过程中，根据每一份信息具体的情况来判断，要将它们存储在哪个位置。最后是提取阶段，判断在什么样的情况下，我们可以将过去的哪部分记忆提取出来。

这三个步骤按照顺序依次发生，但互相之间也有着关联，并非完全独立。在分享记忆产生的过程之前，我们先来看一下，记忆的信息是怎样在大脑中存储的。

20世纪60年代，科学家们基于当时收集到的实验数据，提出了两种记忆存储模式：只能短暂保留的初级记忆，以及可以长时间存储甚至永久保留的中级记忆。几年后，著名心理学家理查德·谢夫林提出了另一种模型，将记忆的概念分为三种存储模式：

"感觉记忆"

说到感觉，在人类的五感中，视觉一直是人类接收外界信息最主要的来源之一，心理学界也有很多研究表明，在看到一个物体时，大脑接收了视觉信息，会在脑中留下与原物体看起来很相似的图像，而后以图像的形式存储，因此研究人员们将这种现象命名为图像记忆。

比如，在一个夜晚，你拿着燃烧着的烟花棒，在空中挥舞着写下一个字，燃烧的烟火和残留的光影让你在那个瞬间，的的确确看到了空气中有你刚刚写下的那一个字，你对它有了视觉的图像感，即使它很快就消失得无影无踪，但那个图像的存在，就是一种图像记忆。

感觉存储是很多信息进入大脑后最初的存储地，无论是视觉、听觉，还是其他感觉。感觉存储能够在短时间内将有限的信息保存起来，而后可能转入短期或长期的存储，但转化的过程需要时间，如果大脑还没来得及将它们转入更深入的存储，立刻就会有新的信息叠加上去，这段感觉存储将有可能就此被擦除。

"短时记忆"

很多时候，我们在生活中经历了感觉存储的过程，但可能很少觉察到它。相比之下，我们对短时记忆存储的认知就深刻很多，它可以将记忆保留几秒，有时也可以达到几分钟。比如，请你现在回忆一下，刚才最后一个和你说话的人是谁？这本书的作者叫什么名字？

在你回忆的时候，你就在调用大脑控制处理记忆程序的能力。通常来讲，短时记忆的存储可以保留30秒左右。可以说，比起感觉记忆，短时记忆能够将信息存储更长时间，但存储时长仍然有限。如果我们想要继续保留它们，大脑可以调动起相关的调节模式，将它们转入长时记忆。

"长时记忆"

在日常生活中，我们一直在使用短时记忆，但当我们说到"我记性不好""记忆力差"的时候，其实我们更多的是在说"长时记忆"。

顾名思义，长时记忆可以保持很久，它的保存时间是没有上限的，甚至长达终生。这样持久的记忆能力也让我们十分依赖，我们将很多重要的信息，如身边人的姓名、日程安排等，存储在长时记忆中。

长时记忆能力是指将信息在大脑中存储很长一段时间的强大的记忆能力。它究竟可以保存多少信息？又可以持续多久？这些问题一直是未解之谜。科学家们可以设计出各种方案测试短时记忆，但至今也没有找到合适的方法探究人类记忆存储时间的极限，而对于长时记忆能保存多少信息量，也仍然没有定论，一些科学家倾向于认为，人类的潜能是无限的。

在了解了大脑的存储模式之后，接下来，我们一起来看，记忆的过程到底是如何产生的。

● 信息的编码

当我们的感官收集了信息之后，大脑要对信息进行编码，才能进入记忆存储。在生活中，我们很容易发现，有的事情我们一转眼就忘了，而有的事情会让我们印象深刻，始终难以忘记。

前文提到，记忆的存储分为短时、长时等不同类型，那么，不同的存储模式，更偏爱哪些类型的编码呢？

为了探究短时记忆存储的编码模式，曾经有一位心理学家做了一个实验。他找来几个人，在他们眼前依次展示六个英文字母，每个字母只停留0.75秒。这六个字母是从B、C、F、M、N、P、S、T、V和X中选择的，因为其中没有元音字母，所以展示的字母放在一起不会组成任何的单词，或者可以发音的字母组合，避免出现的字母因为能够组合在一起而让记忆变得容易。

展示完毕后，心理学家立刻要求他们写下看到的这六个字母。有的参与者无法完全正确回忆，在一部分字母上出现了错误，而这些错误十分耐人寻味。

他们比较可能出现以下几种混淆，F和S，B和V，P和B，等等。

从这个结果看，如果参与者没能清楚地回忆起刚才出现的字母，他们很可能会选择一个和正确字母的读音听起来更相近的。也就是说，尽管这些字母是直接展示在参与者的眼前，让他们看到，但他们的大脑却是通过字母的读音来编码的！

此后，也有更多的学者对这个课题进行了研究。他们发现，除声音编码外，短时记忆中也有一些基于词语含义的语义编码，视觉编码也存在，但是停留的时间很短，甚至不足两秒，因此更容易忘记。可以说，在短时记忆存储中，声音类的编码是最主要的编码方式。

由于短时记忆主要通过声音信息或者说是读音信息编码，所以回忆时发生错误也倾向于是声音的混淆，但对于长时记忆来说并非如此。大部分存储在长时记忆中的信息是通过语义编码实现的，也就是词语信息的含义。

对此，心理学家做了另一个实验。这次，他给了参与者5分钟的时间，让他们学习记忆一组包含41个词语的清单，而后，给出另一份词语清单，其中掺杂了9个语义相近的，以及9个完全无关的混淆选项，让参与者们进行回忆辨认。结果显示，虽然混淆选项的词语在记忆清单中完全没有出现过，但参与者们平均错认了1.83个同义词，而对于完全无关选项的平均错认值只有1.05个。由此可见，不同于短时记忆，在长时记忆中，很大可能会出现语义混淆。

除了语义编码，相关实验结果显示，视觉信息编码也是长时记忆的编码方式之一，它可能和语义编码是同时发挥作用的。事实上，人类的大脑有着难以估量的存储容量，可以存储上千份图像信息。

● 从短时记忆到长时记忆

在了解了不同记忆模式偏好的信息编码模式以后，我们要面对的问题是，大脑的记忆系统到底是如何将暂时存放在短时记忆中的信息，有效地转入长时记忆。

了解和反思记忆产生和转化的过程，也就找到了提升记忆的方法，可以说，我们所经历过的事情，已经留在大脑中的记忆信息，就是可以用来整合新信息的记忆宝库。

那么，如何利用大脑记忆的特性，完成信息整合，并将短时记忆转入长时记忆呢？

答案是，重复或重组。

重复是我们最常用的记忆策略之一，如果有哪件事情记不清，那就不断地重复，直到能够将它深深地刻在脑中。这个记忆策略也可以看作是反复练习的结果。

那么，如何安排信息的重复出现，才能够获得最好的记忆效果呢？

相信一些即将参加考试的同学，在考前最后的复习阶段，对这个问题尤为好奇。但不幸的是，形成长时记忆的最好方式，是分散式记忆。

研究人员选择了一些学习新语言的学生，对他们的学习过程进行了长达数年的观察和研究。他们发现，分开几次来学习和记忆新内容，比在一段时间内集中学习和记忆的效果更好，因为有了这样的时间间隔，每一部分的学习内容，会遇到不同的情景环境，也就有了不同的可编码信息的前后关联，我们可能用到不同的策略来进行编码。

比如，英语老师在万圣节教给学生pumpkin（南瓜）这个单词，还带着学生们一起雕刻了南瓜灯；在圣诞节时，扮成圣诞老人的样子出现，教给了大家Merry Christmas（圣诞节快乐）这句问候语。课程结束后，学生在复习和回忆这几个单词时，很容易联想到节日氛围，以及与众不同的那节课。这样教学的效果，比起将这许多单词集中记忆的效果更佳。如此，分散式出现也就让信息的编码、与其他信息的联结充满独特的细节，给予大脑很新鲜的刺激。

事实上，通过不断重复信息而强化记忆的过程，几乎每时每刻都在发生。除主观上的记忆意愿外，也有很多重复是外界灌输而来的，这个过程可能直截了当，也可能是潜移默化的。

在相关研究揭示了分散式重复带来的记忆效果后，这一结论在商界发挥了很大的价值。对于广告公司来说，让一件产品的信息长久地固定存在于消费者的记忆中，是他们很重要的工作内容。消费者只要对一类产品有了需求，立刻就会想到这个品牌，这样的广告投放效果，将为商家带来无数的潜在交易。

基于重复间隔为几个月的时间会带来最好的长期记忆效果这一研究结论，商家选择的广告投放方式，可能会在一个月刊或者季刊的杂志上，选择一个位置，以相对固定的频率投放下某个产品的广告，而不是在一本杂志上买下好多页版面，投放同一种产品的广告。

重组，是指对接收的信息重新进行整理，存储在大脑中。在一项研究中，研究人员给出一组词语列表，每个词语出现的顺序是随机的，让参与者自由记忆，自由回忆。反复尝试了不同类型的词语列表后，研究人员发现了一个现象：如果这组词语可以根据一定的规则进行归类，比如植物一类、厨房用品一类等，那么参与者在回忆的时候，会自然而然地按照这些类别划分进行回忆；如果列表中的词没有什么明显的联系，那么参与者也会倾向于根据自己的习惯或者经验，在词语间建立一些联系，按照自己的模式进行回忆。这个结果表明，参与者会按照自己的理解对信息进行重组或分类记忆，而后依次回忆出来。

在日常生活中，我们可能会遇到很多记忆困境。比如，当认识一个新朋友时，要记名字、记长相；当学习一项新技能时，要记很多知识点。虽然时常有记不住的情况发生，但我们还是在日常生活的需求中慢慢总结出了很多很棒的记忆方法和技巧，来帮助我们解决困境。

比如，将信息"写下来"。俗话说，好记性不如烂笔头，但这里提到的"写下来"，不是指当我们接收到一段重要的信息时，立刻找到一张纸或打开手机记录下来。记录过程是确保信息不会因为没有记住而丢失，并不会加深我们对于信息本身的记忆。这里提到的"写下来"，是指对知识信息的整理、组织和二次加工。面对繁杂的信息碎片，将它们拼接起来，构成一整幅适合自己思维习惯的拼图，这个过程可以很好地帮助记忆。

此外，你可能也听过另一个记忆方法，叫"输出是最好的输入"。

当我们明确地知道，自己需要把即将学习的内容教给别人时，我们会不由自主地调动起更多的精力，更为全神贯注地学习和记忆。同时，如果即将面对的是年龄较小、理解能力不强的学生，想要达到好的输出效果，就需要我们用一种最简单的方式讲解复杂的信息，从而迫使我们反复咀嚼知识内容。在这个过程中，我们自然而然地加深了对信息的理解，也随之进行了对信息的重组，巩固了记忆。

上面提到的两种记忆方法，是前人的经验总结，虽然后人在应用时可能并不了解记忆相关的原理，但隐藏在这些应用过程背后的，是基于理解之上的，将信息重组的过程。

除了有内在联系、能够理解的信息，在生活中我们也会遇到很多暂时不理解却需要记忆的内容，面对这样的情况，有一个绝佳的解决策略——记忆工具。

记忆工具可以理解为帮助我们记忆的一种方法或技巧，本质上来讲，它是可以为看起来没有关联的信息建立特别的意义关联的工具。它可能是一幅画，一组数字，甚至一段旋律。关于记忆工具，我们会在第三、第四章详细讲解。

● 记忆的提取

前文我们介绍了信息如何被接收、编码与存储,而对于实际生活来说,记忆是第一步,在需要的时候有效地回忆出来才有应用的价值。

当我们努力回想一件事,却想不起来的时候,就产生了一个疑问,是记忆没有被提取出来,还是最初就没有存储进大脑中呢?

想要解决这个问题,我们就要来了解一下,大脑是如何提取记忆的。

对于短时记忆的提取,科研人员提出了一些模型假设,主要围绕着信息检索的方式,以及检索终止的条件这两个关键点。在短时间内记忆了几个信息点后,当我们想通过提取记忆寻找答案时,我们的大脑是在同时检索所有的信息点,还是一个一个地检索每个信息点?当我们顺利找到了答案时,大脑是立刻停止检索,还是继续检索下一个,直到这个短时记忆范围内所有的信息都检索完毕呢?

事实上,关于这些问题,心理学界也未能得出统一的结论。有人根据一些实验结果支持检索所有信息点这个假说,也有人认为目前的模型都存在对应的情况,但也都不完善。

由于记忆的存储和提取这两个过程有着许多联系,难以完全割裂开,所以对于长时记忆如何提取这个课题,相关研究也困难重重。但是科研人员还是想到了一些办法。比如,在参与者面前依次展示一个类别中的很多词,这个分类的词语结束之后换下一个类别,通过这样的展示让参与者记忆。而后,给出两种回忆条件,让参与者尽可能多地回忆出刚才记忆的词语:一种是自由式回忆,没有任何限制,让参与者尽情按照自己喜欢的方式回忆;另一种则是给出前面分类展示时类别的名称,让参与者在这个提示下回想词语。

结果表明,有类别名称提示的参与者能回忆出的词语相比自由模式下要多得多。由此得出结论,自由回忆数量少是检索提取上的失败,因为记忆的过程是完全一致的，排除了参与者没有记住这些词的可能性。这个结果也为我们提供了一种思路——在回忆时如果有类似于类别名称这样的提示性信息存在，能否有效地帮助我们提取记忆呢？关于这个问题，在后面的章节会详细讲解。

第三节　我们为什么会遗忘

● **干扰记忆的两个"元凶"**

"大爷，楼上322住的是马冬梅家吧？"

"马冬什么？"

"马冬梅。"

"什么冬梅啊？"

"马冬梅啊！"

"马什么梅？"

这是电影《夏洛特烦恼》中的一个场景，是男主角夏洛重回故地打听马冬梅时，和楼下大爷的一段对话，后来被观众广泛引用，作为记忆力不佳的象征，用来形容学生在考试前的备考状态。

那么，我们到底为什么会如此迅速地忘记接收到的信息呢？

关于这个问题，心理学界给出了一些理论模型。相关研究表明，当我们接收了信息，并将其转为长时记忆后，将面对两个挑战：干扰和衰退。

当新接收的信息和已经存储的信息发生了一些竞争时，记忆之间会产生干扰。比如，当我们学习英语，并且积累了一定的词汇量之后，可能提到某个词，脑中闪现的是英文表达，对应的中文好像卡在大脑中说不出来。在这个时候，大脑中对于同一语义的两种语音表达记忆，互相之间产生了干扰。在心理学上，这样的干扰被分为两类，如果新知识的学习妨碍了旧知识的回忆，称为追溯干扰；如果过去的记忆影响了新内容的吸收，称为主动干扰。两种干扰模型在不同情况的记忆提取中发生，一般认为是互补关系。

不同于干扰理论，我们的记忆如果单纯地随着时间的流逝而消退，就会发生遗忘。理论上讲，发生衰退的记忆，其痕迹会随着时间推移从大脑中消失，但不会有什么变化，或者说不会对其他记忆产生什么影响。

不过，衰退模型很难被测试，因为如果让参与者置身于一次测试中，他们在记忆完毕后可能会进行复习，这样的复习可能是有意的，也可能是无意的，而如果采取一些措施来阻止他们复习，那这段时间产生的记忆又可能会对之前的记忆产生干扰。

虽然困难重重，心理学家们还是找到了一些证据。相关的研究表明，干扰和衰退都会影响我们的记忆，但干扰的影响更强，可以说，干扰是影响记忆的主要原因。那么，如何抑制这样的干扰作用，尽可能保证记忆信息的真实和准确，将是我们面临的难题。

tips

艾宾浩斯遗忘曲线

在19世纪，赫尔曼·艾宾浩斯开始了关于遗忘的研究。他提出了随着时间的推移，保留的记忆逐渐消退的理论模型。而他根据实验数据所描述出的这一有关遗忘进程的曲线，后来就被称为艾宾浩斯遗忘曲线。根据他的理论，在学习新知识产生新记忆后的几天或几周内，大脑开始失去相关的知识记忆，除非对相关的知识进行定期的复习或重复学习。这个理论也因此被称为艾宾浩斯遗忘曲线。

艾宾浩斯遗忘曲线

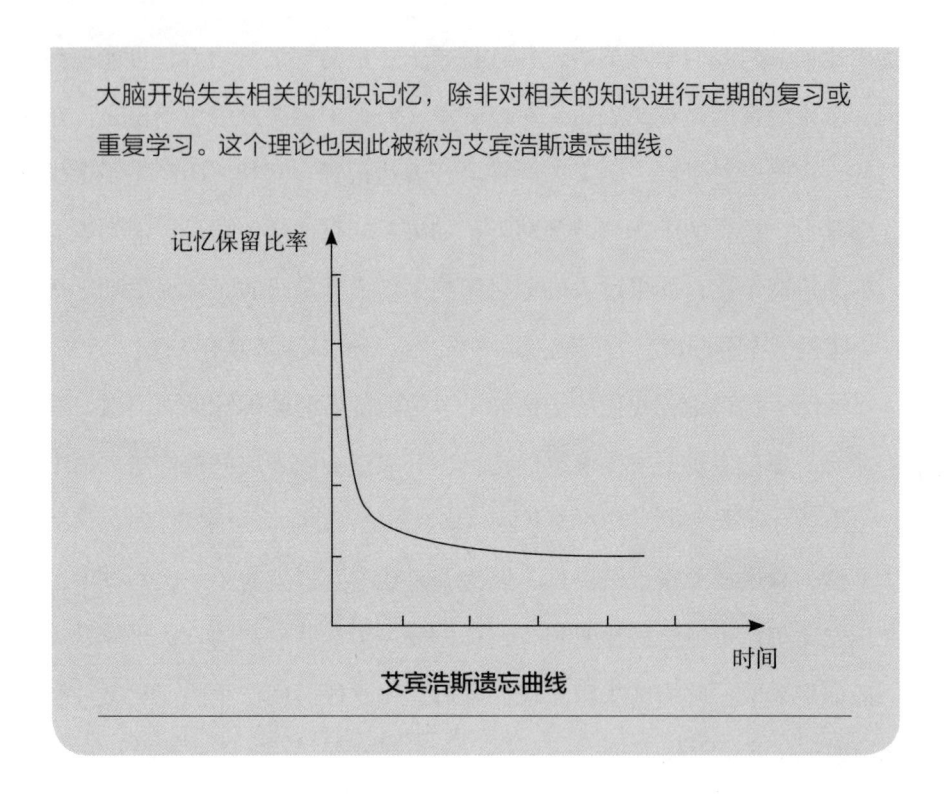

● 记忆缺陷

在生活中，除了两个干扰记忆的"元凶"，也存在很多生理性原因，可能会让人产生和记忆丢失相似的症状，而这些症状的根源，往往是很难逆转的。

（一）我真的得了"健忘症"吗？

你有没有遇到过这样的情景？

一个人忘记了要做的一件事，等到想起来的时候已经晚了，然后只好拍着额头，无比懊恼地说："我真是有健忘症啊！"

对于"健忘症"这个词，认知心理学界对它有着更为清晰的定义。健忘症是一种外显记忆的严重丧失，分为逆行性遗忘和顺行性遗忘。逆行性遗忘经常出现在经历了一些创伤之后，比如因为外伤而遭受脑震荡，可能导致对创伤发生之前的一些目的性记忆的丧失。

20世纪30年代，一个年轻人在摩托车骑行过程中摔了下来。事故发生后一周左右，这位年轻人渐渐恢复了语言能力，看起来一切都好了起来，然而，医生很快发现，他对创伤之前发生的事严重失忆，当医生问起年份日期时，他给出的答案竟然是10年前的时间！他甚至认为自己还是个中学生，至于中间过去的10年，他完全不记得了。

接下来的一段时间，这个年轻人接受了一些治疗，对过去的事逐渐恢复了一些记忆。记忆的恢复从最早期开始，逐渐向最近的时期推进。直到事故发生的10周后，他恢复了关于过去几年发生的大部分事件的记忆，也终于能回忆起事故发生前几分钟内的经历。

在逆行性失忆中，记忆的恢复通常从比较遥远的过去开始，而后逐渐回忆到创伤发生的时候，也有的人会对创伤前发生的事出现永久遗忘的情况。

我们常常说，"鱼的记忆只有7秒"，7秒之后，一切都是重新开始，而顺行性遗忘就是类似于"7秒钟记忆"般的症状。它可能是由于药物或外伤导致海马体或周围皮质损伤，以至无法创造新的长时记忆。

在电影《初恋50次》中，故事开始于男主角亨利在海边的小吃店遇到女主角露西，两人十分投契，相谈甚欢，相约第二天一起吃早餐。第二天早上，亨利如约来到餐厅，见到露西后很自然地和她打招呼，没想到，露西一脸诧异，好像面前的亨利只是一个陌生人，面对突如其来的搭讪，还说他是一个变态。

原来，露西是一名美术老师，和爸爸、弟弟生活在一起，原本有着很幸福的生活。但一场严重的车祸后，露西患上了一种奇怪的病，她只能记得自己车祸受伤之前的事，而受伤后的事情则只能记一天，晚上睡着后，第二天醒来就全忘了。家人为了不让露西难过，每天都把生活重置到她出车祸的前一天，每天准备同样的报纸，看同样的球赛，每天帮爸爸庆祝一次生日，这样持续了一年多的时间。亨利了解到事情的原委，本想就此离开，却始终无法忘记露西的笑靥。因此，亨利开始每天以新的方式出现在露西面前，只为了让露西一次又一次地爱上他……

对于顺行性遗忘，科学家们还没找到合适的药物或治疗方法，但相关研究发现了关于它的一些特征。比如，患有顺行性遗忘的人，五种感官获得的信息都会受到影响，对于新的陈述性信息，他们无法形成新的长时记忆，但他们可以习得一些程序性的信息。比如，他们可能学会如何骑自行车，但是无法记得骑上自行车去了哪里。

此外，大多数人会经历一种"婴儿期"遗忘，即对于出生后不久的事几乎没有任何记忆。不过，这种遗忘是否属于"健忘症"的一种，仍然存在诸多争议。

读到这里，你有没有发现，日常生活中的自己即使一时间忘了什么事，也并没有真的得了"健忘症"。相反，即使总感觉自己记不住东西，我们依然拥有过去的记忆和创造新的记忆的能力，这无疑是一件很幸福的事。

（二）阿尔茨海默病的秘密——被偷走的暮年生活

一位匿名网友曾经在网上分享了这样一段经历：年幼时，曾祖母与父母同住。记忆中，曾祖母是一个和善的老人，可不知从什么时候开始，每次外祖母上门，曾祖母总是找各种理由和她吵架。那时候他还很小，听不懂她们在吵什么，只知道曾祖母吵着吵着意犹未尽，还要摔摔打打，砸碎好些东西，而外祖母也只能无奈地离开，说曾祖母这人不讲理，没办法相处。有时，曾祖母甚至会直接躺在地上撒泼打闹，叫嚷着让外祖母出去，却也说不出什么具体的缘由。面对上了年纪的老人突然的发作，家里人也都束手无策。

后来，他慢慢发现，曾祖母会忘事儿，而且忘得越来越多，忘的速度也越来越快。她经常把邻居晾在阳台上的衣服拿下来穿在身上，也会盯着曾孙小小的身体却想不起来他是谁。曾祖母的情况越来越严重，最后由家里人陪着去了医院，才知道这位80岁的老人已经患上了阿尔茨海默病。

说起记忆的缺失，我们往往第一时间想到健忘症，它是相关性最高的症状，但它的影响主要集中在记忆部分，相比之下，常见于老年人群体的阿尔茨海默病，则可能会导致包括痴呆、渐进性记忆丧失在内的众多症状。

阿尔茨海默病通常是在日常功能丧失的基础上确认的。阿尔茨海默病会导致大脑萎缩，尤其是海马体、额叶等区域。如果你给阿尔茨海默病患者做一次PET-CT（正电子发射计算机断层显像），你会发现他们的大脑中记忆功能相关区域的认知活动比正常人有所减少。阿尔茨海默病的发展是持续且不可逆的，目前可以使用一些药物缓解，但很难治愈。

阿尔茨海默病首次发现于20世纪初，而据统计，目前我国阿尔茨海默病患者数量超过一千万。在我们逐渐进入老龄化社会的进程中，这个数字也在逐年增加。由于阿尔茨海默病患者的大脑出现了损伤，而且损伤的部分各不相同，所以他们的行为逻辑在正常人看来往往难以理解。可以说，这样的损伤仿佛在他们和常人之间筑起了一堵认知的高墙，身处墙的两边，互相之间谁也不理解谁。一位在阿尔茨海默病专业护理机构工作多年的护工提到，在他护理的患者中经常发生"偷东西"的行为，但这又并不是真正意义上的偷窃，只是因为患者的大脑在受到损伤以后，已经失去了"拿东西要付钱"的思维逻辑。既然他们已经没有了相关的认知，又怎么能说他们是在"偷"呢？

很多老人有着精彩的前半生，事业有成，家庭美满，而当他们逐渐步入老年，即便并非患上阿尔茨海默病，也要面对因为生理机能弱化而带来的自卑感。我们能给予老人们一些简单的赞美与理解，对他们来说就是莫大的鼓励。善待老人，亦是善待明天的自己。

● 遗忘的幸福

> "有时候我觉得脑子里塞了太多的思想和回忆,这时我就使用冥想盆,把多余的思想从脑子里吸出来,倒进这个盆里,有空的时候好好看看。"
>
> ——阿不思·邓布利多《哈利·波特与火焰杯》

在生活中,"记性差"已经成为很多人的困扰,似乎大家都希望自己的记忆力更好一些。的确,遗忘会给我们带来很多麻烦,比如错过约会、通不过考试或社交失利,但一份绝佳的记忆能力,真的能为我们带来无限的幸福感吗?

在这个世界上,有那么一群人,他们将自己经历过的事情,一桩桩、一件件都记得十分清楚。这是一种极为罕见的医学异象,称为"超忆症"。这类人不会遗忘任何事,甚至通常对一些不好的事情记忆得更为深刻、清晰,也更持久。

我们的生命中难免经历一些不好的事情,可能是灾难面前的死里逃生,可能是挚爱亲人的永远离开,而如果这些经历时刻都留在大脑中,仿佛一段影像,反复播放而没有停止的方法,只会给我们带来无休止的痛苦与悲伤。虽然他们好像有着过目不忘的能力,但这种能力也给他们的精神带来巨大的压力,如果情况严重,他们可能陷入精神崩溃。

现在的我们生活在一个信息时代,信息获取已经不再是仅仅出于需要,相反,我们每天都在被迫接受大量无用的信息。在这样的环境下,大量混杂的信息不仅分散了我们的注意力,也为我们获得真实、有用的信息产生了干扰。

有些时候,遗忘也是一种力量,虽然我们无法像邓布利多教授一样,用魔法直接将记忆从大脑中抽离出来，但我们可以不反复回忆那些想要忘记的信息，这样它们自然会随着时间的推移而消散掉。如果再次遇到在生活中忘了什么事，不必自责，也不必懊恼，可以悄悄告诉自己，拥有遗忘的能力，也是一件幸福的事。

第四节　让你的大脑更健康

● 大脑的损伤

如果把身体的各个器官看作一个合作完美的工作团队，大脑就好像是一个老板，从各个身体器官处接收信息，然后汇总思考，再将最新的指示传达给相应的器官，让身体做出对应的反应。然而在现实生活中，大脑也经常会因为很多疾病或者其他伤害而出现功能障碍，进而损伤认知功能。了解到大脑可能受到的伤害，我们也就可以更好地保护它。

疾病是大脑损伤的主要原因之一，比如脑卒中引起的血液系统紊乱。脑卒中又名中风，当流向大脑的血液突然发生中断，就会发生中风。中风患者通常表现出很明显的认知功能丧失，如语言能力丧失等。脑损伤的结果取决于受中风影响的具体大脑区域。

除疾病引发的脑损伤外，头部也可能受到来自外界的伤害，比如车祸、与硬物碰撞或是被重物击打等，这样的受伤非常普遍。大脑存在某种损伤的主要标志之一就是失去意识，此外还可能存在吐字不清、吞咽困难以及其他认知功能障碍。

● 保护大脑

（一）吃出一个健康的大脑

大脑是人体内消耗能量最主要的器官之一，虽然大脑只占人体体重的约2%，每天却要消耗掉20%的能量。但其实这并不难理解，因为在我们的日常生活中，几乎所有的生命活动都需要大脑参与，小到动动手指把面前的书翻个页，大到针对工作任务完成一系列复杂的思考决策和实际行动等。

食物是我们获取能量最主要的来源之一，而一些食物成分会让我们的大脑产生不同的反应。如何通过调整日常的饮食，让大脑保持在一个健康、活跃的状态呢？

1.大脑产生记忆需要能量

如果以神经细胞为单位来理解记忆产生的过程，可以简单地概括为神经细胞由树突（或胞体）获得外部的刺激信息传入，再由轴突将信息传递到周围的神经细胞。从这里可以看出，细胞间的信息传递是记忆产生的关键。而神经细胞的活动需要葡萄糖来提供能量。如果长期让大脑处于过载的工作状态，葡萄糖供能无法满足需求，神经细胞活性降低，将直接影响信息交流。因此，如果一时之间发生了过度消耗，记得及时补充葡萄糖和蛋白质，让大脑继续正常地工作。

2.食物带来的快乐

从生理学的角度来讲，我们感受到心情愉快，可能是大脑中某些特定激素分泌的结果，而食物中的某些成分会调节相应激素的分泌。比如，香蕉中含量丰富的色氨酸、B族维生素等成分，可以有效地帮助人体缓解忧郁，舒缓心情；被称为维生素之王的猕猴桃，其富含的维生素C是产生多巴胺的关键，同时也有缓解疲劳的作用；而全麦面包除碳水化合物外还有丰富的维生素，会相对缓慢地产出能量，让人体处在一个放松而镇静的状态。由此可见，如果能够很好地摄入不同种的食物营养，就可以很好地调节自己的心理、生理状态。

（二）让大脑睡个好觉

睡眠是生命的一种自然状态，几乎所有的动物都会睡觉。对于人类来说，几乎三分之一的时间是在睡眠中度过的。睡眠对人体的生理功能有着广泛的作用，比如修复损伤的细胞组织，恢复能量资源的供给，调节体温、代谢和免疫功能等。

哺乳动物的睡眠通常包括两个核心阶段，慢波睡眠期和快速眼动期，以循环交替的方式出现。睡眠的早期以慢波睡眠期为主，快速眼动期则在睡眠即将结束时更为强烈。不同的睡眠状态与大脑功能也有着十分紧密的联系，如果睡眠时间减少，或在一个睡眠周期的中间被唤醒，不仅会让我们心情郁结，也会给大脑的认知功能带来潜在的负面影响。

说起睡眠和记忆的关系，可能很多人有这样一种感觉：如果在睡前记忆了一段信息，好像第二天醒来后，这部分信息可以很容易地回忆出来。这一现象常被应用于学习中，以增进学习效果，那么，从心理学的角度来看，睡眠可能会对我们的记忆过程产生什么样的影响呢？睡前学习真的有助于记忆吗？

艾宾浩斯遗忘曲线告诉我们，大脑记忆了一些信息后，在最初的几个小时，遗忘迅速发生，而之后的遗忘速度将趋于平缓。但心理学家在研究过程中发现了一个有趣的现象——如果在记忆信息后发生了"睡眠"，会减少遗忘的内容数量，也就是说，在信息记忆完成后，睡上几个小时，比清醒着度过同样的时间，会保留更多的记忆。

这个现象背后的原因，可能与引起遗忘的两个原因之一的"干扰"有关。相关研究表明，信息记忆完成之后，如果在清醒的状态，大脑可能会去从事一些其他工作，即使这段时间的经历与之前记忆的信息没有什么相似的内容，也会产生干扰；但如果记忆完毕后就进入了睡眠，大脑就会将这段记忆保护起来，被动地维持和加深它在大脑中的记忆痕迹，从而更有效地抵抗未来可能面临的干扰。

第二章
挖掘大脑的力量

在第一章中，我们了解了大脑的一些结构，以及和记忆相关的生理功能，对大脑中记忆相关的部分有了初步的认知。

日常生活中，除记忆力外，大脑还提供了许多其他强大的力量。聚焦当下，大脑提供的专注力关系到我们会不会把这本书读完；如果着眼更大的层面，大脑提供的其他强大能力还会潜移默化地影响着我们的生活，影响着我们做每一件事的成果。

那么在这一章节中，我们一起来了解一下隐藏在大脑中的几种神秘力量。

第一节 决策力

● **时刻在做的选择题**

在生活中，你有遇到过以下这些问题吗？

高考结束，在进行大学专业报考时，一面是父母希望你选择的热门专业，另一面是你自己喜欢但是冷门的专业，应该报考哪一个呢？

大学毕业后即将进入职场了，两家公司向你抛出了橄榄枝，一个是工资高但比较忙碌的岗位，另一个是工资不高但相对清闲的岗位，应该选哪个？

工作了几年后，是选择留在大城市继续打拼，还是回到家乡陪在家人身边呢？

小到下一餐吃什么，大到关键节点的人生走向，我们的生活中，几乎每时每刻都在做选择，而每一次选择带来的结果，决定了我们会成为什么样的自己。那么，在完成这份生活答卷的过程中，你有没有觉察到自己是如何做选择的呢？

我们来看一个简单的例子，请设想这样一个情景：你想要购买一台笔记本电脑，现在有两款摆在你的面前，它们的功能相近，能够满足应用需求，价格也相差不多，都在预算范围内。但它们的系统不同，其中一台和其他电子设备兼容性较好，应用起来会更便捷，另一台可能涉及文件不兼容的问题，不过多花一点时间总有办法解决，最关键的是，这台笔记本电脑的外观十分漂亮。如果是你，你会怎么抉择呢？

如果你是一个更看重工作效率的人，可能会选择最高效的产品；如果你是一个对自己的感受极为敏感的人，可能会选择外形更出色的一个，即使偶尔遇到问题需要多花些精力解决，但视觉享受带来的幸福感，远比这些小麻烦更为吸引人。选择本身是没有对错的，但在这个选择的情景下，我们的大脑会尽可能地寻求最大的快乐和最小的痛苦，而且，对于这两种效应的结果，大脑的判断是十分主观的，从自己直观的感受出发，来判断哪个选择更能带来快乐，带来负面感受的概率是多少。这样的心理想法被称为主观期望效用理论，是心理学上的经典决策理论之一。

但实际上，大脑的决策混合着对客观事实的理性评估，以及自我的主观感受，再加上过往的经历可能影响当下的主观判断，大脑决策的实际情况，比现有的心理决策模型都要复杂得多。

● 大脑怎样做选择？

我们生活的世界充斥着各种各样的信息，有真实的，也有虚假的。当遇到一个涉及多方面因素的问题时，一个经典的策略理论认为，我们会对目前获得的信息进行整理，分门别类地精简概括，而后，通过每次处理一部分的信息，尽可能将每个影响因素单独考虑清楚。那么，在做决策的过程中，哪些情况可能直接影响最后的选择呢？

我们来看一个具体的案例：一位朋友生病住院了，在她即将康复出院的时候，你去医院看望她。你想带一份礼物，有以下几个选择：一袋新鲜的水果、一提包装好的果篮、一束精美的花。

在这个简单的决策情景中，我们来看以下两种经典的决策方式，它们会产生不同的结果：

（一）发现了一个让我满意的选项

这是最先被认为影响决策的方式之一。在面临诸多选项的时候，一个一个地考虑，一旦发现一个让人觉得满意，或是刚好满足我们最低要求的选项时，就直接迅速选择它。比如，如果我们的心理预期是为生病的朋友提供有营养的食物，那么在查看这些选项时，发现这袋水果非常新鲜，满足了我们的预期，我们就会立刻做决定选择它。这种决策方式的适用性有限，根据具体情况而定。

（二）排除法

当我们有着很多选择，也有足够的时间来考虑时，除了从正面看每个选项的好处，也会从某个条件的角度将不符合的选项剔除，只留下最后的答案。在这个情景下，先设定一个标准——可以补充营养的食物，由此剔除掉鲜花选项。对于剩下的选项，设定第二个标准来筛除。比如，可以一次补充多种营养，由此剔除掉品类单一的一袋水果，选择果篮。相比之下，决策的过程可以加入多个主观预期，通过排除法做出的决策更为谨慎。

> **tips**
>
> ### 你有"选择恐惧症"吗？
>
> 时代的发展进步，科技生产力的不断提升，为我们提供了丰富物质的同时，也带给我们更多选择。但选择的增多并不总是一件让人开心的事，因为这意味着，我们需要处理各个方面的信息。特别是情景比较复杂的时候，信息量过大而难以快速厘清，导致决策困难，内心产生焦虑，甚至逐渐发展成"选择恐惧症"。
>
> 选择恐惧症，也称为选择困难症。究其根本，这是对自己判断力的不自信，不能确定自己内心最重要的需求，以及对决策失败的恐惧感。在这样的心理环境下，面对选择会感觉异常的艰难，无法按照正常的能力做出满意的选择，或者在做选择时感到恐慌，甚至对选择这件事情本身产生一定的恐惧。
>
> 克服这样的选择恐惧症，可以从不会产生严重后果的决策开始。跟随自己的内心，坚定地接受一种选择，无论对错，不做对比，相信自己的选择就是最好的，为自己建立安全感，放下追求完美的心理预期。

● 如何做出明智的选择

很多时候，面对一个问题，自身的经历、个人的偏好、思考的习惯等因素都影响着大脑的决策。我们可能直到事后才发觉，某些因素令大脑的判断产生了偏差。那么，如何做出一个明智的选择呢？

接下来，我们将介绍做决策时要分析考虑的四个要素：问题、目标、方案和权衡取舍。

首先，明确我们的问题。在遇到一个复杂的情况时，找到我们必须决策的根本问题。如果你在思考关于晚餐的决策，明确你的问题是晚餐吃什么，还是晚餐吃不吃。最开始就辨别清楚要决策的问题，避免在无关问题上徒增烦恼。

其次，思考目标。我们希望事情的发展符合我们的预期，那么请仔细思考最终的目标是什么。依然考虑晚餐的情境，你是需要通过晚餐摄入能量以应付晚上的工作，还是希望改变晚餐的食物以达到瘦身的效果？问清自己的内心，才会更加明确决策的方向。

再次，考虑现有的方案。大部分时候，我们有着多种可行的方案，最明智的选择也就是最佳的备选方案。尽可能思考各个方案的可能性和预期的结果，为最后的决策做好准备。

最后，权衡取舍。分析上一步列出的方案可能导致的结果。这些结果可能包含很多层面，其中某些部分是令人满意的，某些部分则是令人无法接受的。可以说，在困难的决策面前，几乎不存在最优解，而我们要做的，就是在这些方案间取得平衡，在不完美中做出最适合自己的选择。

这是一个高度灵活的决策方法，几乎适用于生活中的任何情况。这里要提醒的一点是，方法本身并不会让艰难的过程变得容易，但会给出一条明确的解决道路。我们要做的，就是一步一个脚印，将复杂的事情控制在我们的心理预期内，一点点拆解解决掉。

第二节　创造力

● **神秘的创造力**

创造力是一个玄而又玄的概念，它常常和很多领域内的重大突破相关联。一次伟大的创新可能让生活发生巨大改变。从本质上来讲，创造力是创造新事物的能力。创造的东西可能很多样，可能是一首乐曲、一份食物、一个新方法、一种新理论、一个过程或程序等。

如何衡量一个人创造力的高低？心理学家们尝试了很多办法，希望建立起一个评估模型。直到20世纪60年代，托伦斯和同事们共同开发了一套评估方法，称为托伦斯创造性思维测试。这套测试中的题目没有标准答案，通过开放式的问题来测试思维的多样性。比如，在你的面前有一支钢笔，请给出你能想象到的，这支钢笔所有可能的使用方式。

这项测试可以衡量快速产出多样想法的思维流动性，不按寻常方式思考的思维灵活性，以及产生想法的新颖独特性等。经过多年的应用实践，以及对测试对象的长期观察研究，托伦斯创造性思维测试被认为是所有创造力测试中最有效的测试之一。

一面是对创造力的评估，另一面是对富有创造力人群的研究。在这个过程中，科研人员发现了一些有趣的现象。相关研究表明，一些人格特征与创造力之间存在着一定的关联。也就是说，从一个人的性格出发，也许可以一定程度上判断出他潜在的创造力。

独立性和内驱力是影响创造力的两个内部因素。独立性体现在，有创造力的人往往在思想上高度独立，不受世俗规矩的限制，行事作风自成一派。但是这种"标新立异"立足于对某一领域知识的高度掌握。比如，一个设计师积累的相关知识和经验越多,他越有可能做出开创性的设计作品。但是,他又需要背离约定俗成的设计套路,独立思考,以体现其创造性。正如著名时装设计师可可·香奈儿打破常规,将烦琐沉重、"五花大绑"式的女装推向简洁和高雅,引领了女性展示自身美感的时尚潮流。

内驱力是驱使我们做出一定行动的内部力量,是我们做一件事的动力。那些表现出丰富创造力的人,往往在工作和生活中有着很强的内部动机。而外部动机,如追名逐利,可能会妨碍创造性工作的开展。内部动机包括好奇心、解决问题的迫切愿望等,对于这类内在需求的满足会带来精神愉悦感,从而带来持续的正反馈,鼓励个体坚持自己的追求。

tips

创造力的巅峰出现在多少岁?

创造力有着改变世界的力量。那么,那些改变世界的人,一般多少岁呢?

相关人员选取了一些做出过创造性贡献的人,研究了他们的职业发展过程,以及做出创造性工作的时间。他们发现了一些规律。比如,创造性贡献出现的时间与所处的领域有关。在医学领域,一个人做出创造性贡献的平均时间是42岁;在音乐领域,作曲家们往往在41岁左右写出一生中最出色的曲目。当然,个体差异是极大的,但综合各个领域的数字来看,最可能出现创造性贡献的年龄是40岁左右。

所以,如果你相信自己是一个富有创造力的人,而现在的你还不到四十,请别着急,创造力的爆发期可能还没有到来。

● 激发自己的创造力

了解了富有创造力的人有哪些性格特点，基于这些信息，我们来看看如何激发自己潜在的创造力。

那些被认为有创造力的人，其产出的创新性作品，往往集中在某一个特定的领域。然而，了解与掌握一个领域的知识，需要时间的投入和学习的资源。一些人可能具有创造性的思维能力，但没有在任何一个领域深耕，因此无法创造出真正有影响力的作品。

因此，尽可能为自己积累一个领域的相关知识。灵感的迸发不会像黑夜中的一道闪电，突然划破天空，它只会隐藏在多年积累的经验中，等待某一时刻，一个特别的信息让沉寂在大脑深处的某段记忆突然觉醒，为眼前面临的问题提出一个新颖的解决方案。

尽管富有创造力的人做的工作千差万别，但有一点是相似的，他们十分清楚自己在做什么，而且很喜欢自己的工作。这样的幸福感不是源于获得的金钱或地位，而是源于工作过程本身，他们在工作中达到了"心流"的状态。

当自己拥有的能力和完成某一件任务所需要的能力相当时，为了实现目标，你会全情投入所从事的活动，甚至完全沉浸在任务之中，注意力高度集中，陷入创造性的过程。在这个过程中，事情自然而然地向前发展，而你会体验到一种全情投入的舒适感或控制感，这种经历就称为心流。

选择做自己喜欢的、有内部动机完成的事，是激发创造力的好机会。在完成的过程中，选择与自己能力相匹配的任务，明确每一个阶段的小目标，并及时获得反馈。心理层面上，着眼于当下，保持专注，尽量降低对失败的恐惧，尝试进入属于自己的"心流"状态。

除了自身的性格与感受，富有创造力的人也有着相应的社会属性，并不能脱离人群而存在。一项研究选择了一百名左右已经做出创造性贡献的人，研究了他们的成长经历，发现这些人在比较大的程度上度过了一个正常的童年，生长在一个有着清晰完整价值观的家庭中。这样的家庭生活并不等于一切顺遂，没有变故。他们中的很多人失去了父亲或母亲，但他们往往从其他成年人身上获得了影响和支持，可能是家族中的长辈，也可能是求学路上的导师。

可见，创造力的养成离不开外部环境的支持。相关学者将物种的进化和创造过程进行类比。物种在进化过程中，基因产生的突变本身是中性的，而环境的压力会对突变后的基因进行选择，能更好地适应环境的物种才能生存。创造的过程本身也是盲目的，每个新想法带来的后果是无法预测的，它需要面对大众或相关领域内权威人士的评价，有价值的创造性想法才会被保留和接纳。

也就是说，外部的支持帮助我们对作品进行评估和验证，这一过程进一步促进了创造性工作的开展。

tips

人工智能（AI）有创造力吗？

20世纪末，IBM公司的人工智能"深蓝"打败了国际象棋世界冠军卡斯帕罗夫。

这一成就虽然令人兴奋，却不令人惊讶，因为这一场人工智能的胜仗是依靠穷举法来实现的。由于算法和算力的限制，当时的计算机无法支持围棋庞大的计算量，而人类大脑拥有启发性的思维，这似乎比起人工智能来说"棋高一着"。因此，彼时有人断言，人工智能将永远不可能攻克围棋项目。

但在不到20年后，谷歌公司开发的阿尔法狗（AlphaGo）就以

4∶1的成绩击败了围棋世界冠军李世石。如今,人工智能甚至可以实现作画、作曲、润色文章、自行编写故事等以往看起来需要创造性才能完成的工作。

这些工作真的属于"创造"吗?人工智能可以拥有创造力吗?要回答这些问题,我们不仅要了解AI"创作"的原理,还要更加确切地为"创造"下定义。

AI绘画是根据相关算法,将人类画师们画出来的各种各样的作品数据,根据用户的描述和需求来重新生成。而AI作曲、写作也是依靠大数据的。但是,正如前文所说,人类的创造也是在某一领域深耕后的产物。人脑的创造是否依然有AI所不能达到的部分呢?这一问题依然等待解答。

第三节 注意力

● 什么是注意力?

小时候,我们大概或多或少会从老师或家长的口中听到过类似于"好好学习,要集中注意力!"这样的话。听得多了,我们可能就逐渐对类似的语言有了抵抗力,习惯性地忽视这句话。

那你有没有想过,这个一直被提及的"注意力"到底是什么呢?

这是一个很抽象的概念,虽然常常听到它,但如果真的想解释一下,又似乎很难用语言去描述清楚。

在心理学上，科学家们是这样来理解注意力的：注意力是指我们通过感官、记忆以及其他的认知过程，从可获得的大量信息中，主动处理特定的、有限的信息的方式。

是不是听起来还是有些抽象？我们来看一些具体的例子。比如，你走在大街上，想着要去的目的地，思考选择哪条路线，或者打开手机跟着导航走。走路的过程中，你会收获很多感官信息，如路人的脚步声、路边摆放的自行车、踩在石子或砖面上带来的不同感觉等。大脑要兼顾着多种信息的处理，其中，沿着既定的路线不要走错路这个任务显然需要更多的意志力来处理，而走路这个十分常规的任务，只需要少部分思绪，关注一下路况即可。

可以说，注意力的存在，是让我们将有限的精力，理智地使用在我们认为最重要的事情上。它就像一盏探照灯，被灯光照亮的部分获得了关注，而隐在黑暗中的更多信息都被暂时忽略。

● 注意力的作用

生活中，当人们对自己的状态不满意时，常常抱怨说："我就是没办法集中注意力。"那么，注意力为何如此重要？它到底能做什么呢？

（一）对预期内容保持警惕

在海滨浴场或泳池边，总有这样一个或几个"奇怪"的人，他们坐在高台上，或者沿着岸边走来走去。其实，他们是救生员，专门负责营救遇到危险的人。他们深谙水中救人的技巧，并且时刻保持警惕。

这并不是一份简单的工作，因为并没有一个绝对客观的标准来判断水中的人是否正面临困境，救生员只能依靠自己观察到的信息进行主观判定。救生员脑中有着对于"异常情况"的预期，而这种预期指导着他们将注意力快速地指向需要帮助的人。当然，过度反应（把正常情况当作发生危险）和忽略危机（没有注意到潜在的溺水情况）都有可能发生。在长时间无人溺水也无人需要帮助的情况下，救生员的注意力依然保持待机状态，一旦感知到目标出现，大脑就会迅速做出对应的反应。

生活中类似的情况还有很多。比如，你有没有过找人的经历？去汽车站或火车站的出口接亲戚或客户，等到列车到达，乘客们一下子涌出，你一边想着要找的人的特征，一边用眼睛快速扫视眼前密密麻麻的人群，不敢放过任何一个，因为我们心里也不确定，这个人会在什么时候出现。

而这一过程中，会有诸多干扰信息出现，比如穿着相似的人、身形相近的人等，这些干扰信息会抢占我们的注意力，甚至让我们产生错误的判断。

（二）屏蔽无用信息

不仅注意应该注意的，我们还要忽略不应该注意的内容。

想象一下，你身处一个公司的年终酒会，房间内大部分人是同事，是你的熟人，还有少部分人是受邀来参加酒会的外部人员，是你不太认识的人。这时，一个同事带了他的朋友来介绍给你认识，你面带微笑，和他客气地寒暄。他介绍着朋友的情况，你看似听得很认真，实际上你的注意力已经飘到了他处。因为站在你身后的人正在谈论公司的晋升名单，而你的名字就在其中。

这是一个表现选择性注意的经典场景。不仅是一场嘈杂的酒会，在生活中的很多时候，我们都在面对非常庞杂的信息，而我们的注意力在关注某些重要的内容的同时，还屏蔽了大量无用的信息。

● 多件事同时做，真的会省时间吗？

在生活中，大多数时候我们可能不会将注意力完全投入一件事中。现今世界如此丰富精彩，信息传递也变得很容易，一边看综艺节目一边吃晚饭，间隙时间给朋友回复个消息，这可能已经是生活的常态，让我们感觉到，花费同样的时间，完成了娱乐、吃饭和社交三件事。

当我们同时做两项或者更多项任务时，我们相对有限的注意力资源，就会分散到这些任务上，而如何选择与分配，会影响每件事的效果。一些情况下，如果将少部分注意力放在一个特定任务下，并不会影响任务的处理。比如，有些人会一边读书一边听音乐，关于音乐的听觉信息，并不会非常影响阅读，但是如果一边读书一边听广播，可能就很难进行下去了，因为广播带来的也是文字信息和语义信息，与读书的内容会相互干扰。

注意力分散不仅不会让我们的工作效率更高，还会增加出错的概率。一项关于车祸事故起因的统计数据显示，接近五分之一的事故发生时，司机正在打电话。尽管车祸可能不完全是通话引起的，但与没有打电话的驾驶员相比，他们遇到不理想的路况等情况时，会产生更强烈的焦虑、愤怒等负面情绪，再加上分散注意力带来的影响，可能会增加事故发生的风险。

● 什么东西在偷走我们的注意力？

调动注意力是一项复杂的活动，很多潜在的因素会影响注意力的集中。在我们刚想集中全部的注意力去做一件事时，各种诱惑可能就会悄悄出现，然后不知不觉间偷走我们的注意力。在以下这些情况下，我们的注意力更容易分散，看看你有过类似的经历吗？

○最近的工作十分不顺，面临被裁员的风险，一旦失去工作，家庭的基本生活就得不到保证，一想到这儿就焦虑不已。

○昨天晚上没有休息好，今天又起了个大早，虽然像往日一样开始洗漱吃早餐，但大脑仍然昏昏沉沉，每次试图集中注意力时，都觉得十分疲惫。

○接手了一项任务，听说难度很大，而且很陌生，因为从来没有做过类似的工作，内心十分怀疑自己能否在规定的时间内完成。

○办公室隔壁的房间正在装修，外面不时传来叮叮当当的敲击声，而且工人好像正在用电钻在墙上钻孔，震动沿着墙壁传导，整座楼都充斥着噪声。

无论是外部的环境变化，还是内心的心绪波动，都会在不同程度上干扰我们的注意力，将注意力从眼前的工作拉到一些持续不断消耗能量的分心事上。那么，如何调整自己的状态，让自己可以长时间保持专注呢？

首先，接纳现在这个还没办法集中注意力的自己。影响注意力的因素有很多，生理层面上，与注意力相关的大脑额叶区可能因故出现了失调；心理层面上，内心成熟度、意志品质和情绪等都会影响到当下的注意力。可以说，很多时候，我们的注意力无法集中也是一件很正常的事，不必因为一时的注意力分散而事后感到懊恼自责，从而让自己陷入负面情绪中。

其次，采用一些简单的训练方法，帮助我们集中注意力。我们来看以下几个方法：

（1）选择一个合适的环境：一个特别的环境有助于集中注意力，它的空间不用很大，相对封闭，四周十分安静，而且这个空间内的物品摆放得井然有序。无论工作还是学习，都是逻辑性很强的活动，有序的摆设会给内心带来一份安定感。

（2）安抚好内心的小孩：心理现象往往不是孤立存在的，注意力的表现和整体的心理环境息息相关。因此，在开始工作之前，做一个简单的冥想，和内心那个有情绪的小孩进行协商，告诉他我现在要专心做一件事，如果有焦虑、烦躁或不开心等情绪，请先暂时放下，等工作结束后我们再处理。

（3）正面反馈，给自己信心：任何训练都不是一蹴而就的，集中注意力的练习也是如此。根据自己平时注意力的情况，可以先给自己设定一个小目标，专心做一件事，时长只比平时的自己多一点点就好。这样一步一步改善，而不要求速成，只要比前一天的自己有进步，就给自己点一个大大的赞。

tips

注意缺陷多动障碍

虽然无法专注常常成为我们工作效率不高的理由，但我们中的大多数人，还是认为自己是有能力集中注意力的，尽管有时很难长时间维持这样的状态。

但有一类人的确更难集中注意力，他们可能患有注意缺陷多动障碍（attention deficit hyperactivity disorder，ADHD）。这是一种多见于儿童的精神失调，全球约有5%的儿童患有这种疾病。关于它的成因，到目前为止并没有确切的答案。相关研究表明，孕期母亲饮酒或吸烟，儿童时期接触重金属或食品添加剂都可能是潜在的诱因。ADHD主要导致注意力不集中或焦躁不安，冲动，坐立不安或无休止活动，而且这样的症状并不会随着年龄的增长而消失。到成年期，它可能会变得不严重，也可能会变得更严重。现有的干预措施主要为心理和药物的联合疗法。

上篇结语

  大脑是人体最重要的器官之一，它工作勤奋，日复一日地陪伴着我们的生活。也许你已经习惯了它的存在，也许你曾因为它的出色能力而骄傲，也许此刻的你还在责怪它做得不够好，不管怎么样，此刻是一个很好的时机，请你坐在椅子上，把头和肩膀靠在椅背上，让自己的身体处在一个舒服的姿势，然后，放下忙碌的思绪，深吸一口气，对我们的大脑说："你辛苦了。"

  每过一段时间，记得感恩一下你的大脑，轻轻抚摸它，感受它的存在。为它找一个放空的时间，就像爱自己的心爱的人一样，呵护自己的大脑。

中篇
记忆法的核心理论

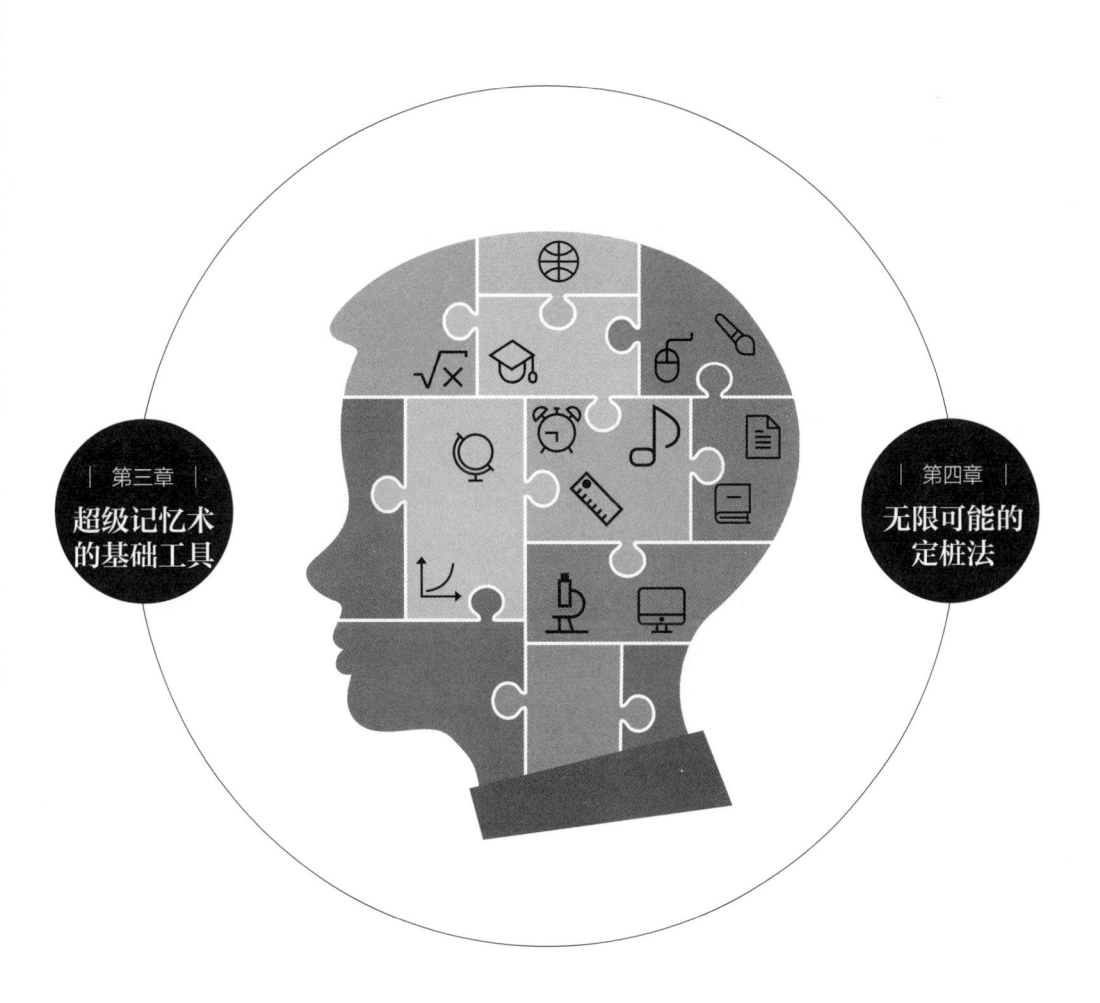

| 第三章 |
超级记忆术的基础工具

| 第四章 |
无限可能的定桩法

在上篇中，我们主要讨论的是在日常生活中最常用到的功能性记忆，这是人们与生俱来的能力。然而，在这个世界上，有少部分人是例外，他们有着超乎寻常的记忆能力，能记住许许多多看似不可能记住的东西。

比如，你有没有听过，有人可以不费吹灰之力就记住一长串数字或词语，也有人可以只花费十几秒就记住一副乱序扑克牌中每一张牌的花色和顺序。

你想不想拥有这样神奇的记忆能力呢？

如果答案为是，那么你要做的第一件事，就是给自己的大脑装备一套绝佳的记忆系统，帮助你记住这些毫无规律的信息。在本篇中，我将介绍几种非常好用的记忆术基础工具，有了它们，你就可以在大脑中搭建一座完备的记忆工厂，面对零散的信息，一步步将它们加工处理，而后转变成最适合存储在大脑中的样子，从而在大脑中长时间地保存它们。

第三章 超级记忆术的基础工具

第一节 像原始人一样记忆——形象记忆

● 偏爱图像的大脑

我们生活在一个高速发展的时代,强大的生产力、无数的发明创造无不彰显着科技的力量和人类的聪明才智,但相关研究数据表明,人类的大脑容量在两万年前到达峰值,而后则是慢慢走向萎缩。

虽然对于人类是否会进化得更聪明,仍然没有定论,但是比起几万年前,我们的大脑并没有发生很大的变化,而那个时候的人类,生活在原始森林和草原上,看到的是树木花草、蓝天白云、飞鸟走兽,在自然环境下生存繁衍。而文字则是在近几千年才出现的,通过和原始的自然图像紧密相连,文字拥有了具体的含义,而后才被人们传承,并逐渐演变。

因此,我们的大脑天然地对图像信息的印象更为深刻。当我们回忆曾经见过的人、去过的地方或者具体的事物时,首先在大脑中浮现的往往是一幅图像,然后我们通过语言文字,一点一点描述出具体的细节。

比如,我现在问你,距离你的住处最近的一家水果店,近期都在卖什么水果？看到这个问题，你脑中闪现出来的，是一连串水果的名字，还是那些水果在售货架上堆积得好像一座座小山的样子？

或者，你有没有遇到过这样的情景：偶然遇到一个老朋友，两个人说笑着，聊得特别开心。说到当年如何如何，你们做了什么什么，这时，你想到一位两人共同的好友，你觉得他的容貌、身形，甚至是习惯性的动作举止都浮现在眼前，可是"那个谁，那个谁"了好半天，却始终叫不出他的名字。

这些常见而真实的场景，正体现了大脑习惯于图像化记忆的特性。那么，在了解大脑特性后，顺势而为就是最聪明的做法——最大限度地用图像的方式对我们要记的信息进行思考、存储和记忆。爱因斯坦曾说："我思考问题时，不是用语言进行思考，而是用活动的形象进行思考，思考完成后，我要花很大力气把它们转化成语言。"

在这个世界上，存在一些天才型记忆高手，他们中的大多数人拥有超常的照相记忆能力。很多人会将"形象记忆法"和"照相式记忆"混淆起来，但两者之间有一个显著的区别。

"照相式记忆"常常发生在我们长时间盯住一个物体后，即使目光转向了其他地方，我们依然会有一种感觉，好像仍然能看到这个东西，它就在眼前，我们能描述出它大概的样子。这是大脑的"视觉暂留"现象。它和形象记忆主要的区别就在于，这样的图像只能在脑海里留存几秒，而形象记忆法则可以开启长时记忆，帮助我们将目的信息长时间地存储下来。

照相式记忆小体验

现在请你做这样一件事,调整书和眼睛的距离,让这幅图完全保持在视线范围内,而后注视图中央的4个黑点30秒钟,其间不要眨眼。然后转头看向一面白墙,并不停地快速眨眼睛,你看到了什么?

在很多科学馆里,都有这样类似的图画,只有黑白两色,图形不规则,看不出来到底是什么。而想要揭开这幅画的秘密,利用的就是视觉暂留现象。简单来说,当我们的视线离开一个物体后,视觉系统对它的印象会延续零点几秒的时间,不会立刻消失。而长时间盯着一个图像,持续给予大脑视觉刺激,我们会在留下的视觉遗像中,看到与原图色彩"互补"的图案。

● 形象记忆的秘密

在数学中,有一个重要的思维叫作数形结合。比如,将一个抽象的函数公式转化成坐标轴中的线条。这是一个很有智慧的想法,借助图形的直观性,来揭示数的关系。同时,它也为我们提供了一种思维:想成为记忆高手,我们是否也能将满页的文字信息转化为图像呢?

要做到这一点,需要两个步骤:静态形象的存储和动态形象的想象,以及一组可以对抽象信息进行转化的辅助工具。

(一)静态形象的存储

我们无时无刻不在面对各种各样的图像,不知不觉间,就已经积累了很多,那么我们来试着回忆一下。

比如,在《荷塘月色》中有这样一段描写:

曲曲折折的荷塘上面,弥望的是田田的叶子。叶子出水很高,像亭亭的舞女的裙。

看到"曲曲折折的荷塘",请尝试搜索大脑深处的信息,你能不能想象到一个荷塘的样子?可能是在照片里看过,或者是在某部影视作品里见过,又或者是你亲自去过的某个荷塘?

或许时间遥远,印象模糊,但相信大多数人还是能够依据隐隐约约残存着的印象,勾勒出一个荷塘的景象。每个人勾勒出的景象可能各不相同,是从自己过往经历中提炼出的图像信息,组合成的独一无二的荷塘景色。

日常生活中所见到的图像,自然而然地存储在我们的大脑深处,这就是属于我们自己的天然信息宝库,有需要的时候,就可以随时调取。

那么,如何更好地将图像信息留在大脑里呢?

答案是，打开"心灵之眼"。

有人将心灵之眼定义为，即使一件物体不在我们眼前，无法直接看见，也依然能够想象得出来的能力。

比如，请你在大脑中描绘你住过最久的一间卧室。调动你的记忆，想象一下卧室里都有些什么，它们的大小、位置、材质和颜色等，将零散的物体慢慢组成一整幅画面，就是你卧室的景象。这个过程并不难，对吗？但是，如果我没有给出一个特定的指向，而只是让你想象"卧室"，你能做到吗？它可以是朋友家的卧室，也可以是一间酒店的卧室，但关键在于，你确实能很清晰地想象出这样一幅画面，好像真的看到它一样。

这样的能力对于练习形象记忆法十分重要，因为这个过程是在调取旧信息为我们所用。同时，它也可以反过来促进大脑去清楚地记住每一个曾经见过的物体，而后将其储备起来。

那么，如何打开并保持心灵之眼呢？

最关键的一点在于，保持专注，避免注意力的分散。当代社会信息繁杂，无数碎片化的信息在想尽一切办法持续抢夺我们的注意力，但相应地，也有一些技巧可以帮助我们专注于通过"心灵之眼"看到的景象，避免被打扰。

1.沉浸式观察

有些人天生擅长观察，总能捕捉到被别人忽视的细节，而有些人则比较粗神经，对身边的一切反应相对迟钝，但这都没有关系，如果刚好倾向于后者，那说明你需要通过一些练习来培养自己的观察技能。

人类有一套完整的感知系统，通过它们来收集身边的信息汇总到大脑，然后做出相应的反应。一般来说，分为视觉、嗅觉、触觉、味觉和听觉，统称为五感。调动五感来专注于对一个图像的想象，就是顺应大脑思维最好的观察方式。

我们先来尝试其中一种用得最多的感知——视觉。就从我们身边的东西开始，比如，衣柜里的一件衣服，把它拿出来挂好，或者放在床上，确定自己可以清楚地看到它的全貌即可。现在，请站到它的面前，盯住它，然后注意它的颜色、衣服上的修饰图案、破损的位置等。暂时还不用触摸，只要站在它的面前仔细观察。当你认为已经观察好了，请转过身，合上眼睛，然后尝试根据观察到的内容，通过"心灵之眼"尽可能完整地在脑海中复原它的全貌。

在想象完成之后，可以睁开眼睛，对比想象的图像与真实的样子，看自己复原了多少细节。在熟练了流程之后，可以在观察的时候加入其他感知，比如通过触摸来感受面料的材质，通过拿起的声音判断口袋里是否还留了几个硬币。也可以尝试在观察完毕后，离开房间做一些别的事，过几分钟之后，再开始回忆和想象。

观察的练习是一个慢过程。在坚持练习之后，我们会感受到想象出的图像在"心灵之眼"中逐渐清晰起来的过程。如果今天的观察比一周前做得更好些，就是值得我们开心的事。

2.表达你的结论

当你开始做一些观察练习的时候，可能会发现自己的思绪很容易溜走，过了一段时间才意识到自己走神了。但你不必为此自责，因为这是很正常的现象，而且我们可以通过"表达"，来帮助我们专注于眼前。

比如你正坐在窗前，观察屋外的草丛，你仔细地看着小草的形状，努力闻泥土的清香，正在尝试让这个图像留在大脑里，这时，旁边突然传来一个孩子"啊"的一声，吓了你一跳。这个孩子大概三四岁，好像是不小心摔倒了。你看到旁边陪着他的成年人快步上前去扶，但他好像摔得很疼，一直在哭。那个成年人一边扶住孩子，一边拿出纸巾给孩子擦眼泪，同时轻声细语地安慰着。

看到这里，你还记不记得，我们本应该是在观察草丛呢？

生活中各种各样的状况都会分散我们的注意力，而当我们的思绪被带走的时候，我们可以尝试将观察后的结论表达出来，比如，写在纸上，记录在手机上，或者可以尝试画出来。在表达的过程中，我们会对观察到的信息做一个梳理，就像将拼图碎片一点点拼起来时，缺少的部分自然而然就出现了。

这时，我们再次对图像进行观察，就会刻意补充缺失的部分，让图像更完整。而这个梳理的输出过程，让我们的大脑保持活跃的思考状态，这也是避免注意力分散的好办法。

随着时代的发展，城市的生活节奏也越来越快，为了更好地生存，我们也在拨快自己的节奏来适应社会，可能很久没有陪伴家人，也不允许自己放松下来，从而错失了一些享受当下的机会。如果我们愿意停下脚步，看一看四周，花一点时间去用心仔细观察身边的某个人或某个物，即使只有几分钟，也会成为一段珍贵的时光，帮助我们和世界相链接。

（二）动态形象的想象

你有没有玩过一种小小的图册，每一页都是一幅画，画中的人物动作很相似，但如果快速翻动整本图册，画中的人物就好像动了起来？它被称为手翻书动画，几乎可以算是最原始的动画了。随着技术逐渐发展，人们通过一帧一帧地绘制人物和场景，再一张张拍摄，连接起来制成影片，播放时人物就有动的感觉。虽然现今动画技术发达，不再依赖手工绘制，但图像的叠加仍然是动态画面的基础。

同样的物品或人物，比起静止不动，鲜活的动态画面总是更让人印象深刻。那么，在我们通过"心灵之眼"想象出了静态画面之后，能否再进一步让它们动起来呢？在这里，我们需要一种"导演思维"，帮助我们临时变身为动画导演，安排镜头的方向，让脑海中的图像尽情地活动起来。

我们仍旧回到《荷塘月色》一文。"叶子出水很高，像亭亭的舞女的裙",读到这句话,你能试着想象出叶子出水的过程吗?

我们将视角定在水面斜上方,一半荷叶在水下,一半在水上,然后一点点伸出水面,逐渐变高。她仿佛活了过来,慢慢伸展开叶面,然后自己努力地向上踮了踮脚,变得更高了。在想好主要的动作流程以后,我们可以再加上一些细节的捕捉,比如,荷叶上有一滴晶莹的露珠,随着荷叶的摆动缓慢流动。当荷叶倾斜到某个特定的角度,那一瞬间,露珠就滑落了下来。

动态的图像可以很好地将文字可视化。特别是在记忆一些描述性文字的时候,跟随作者的思路,一点一点想象出每句话对应的画面。虽然植物的生长、动物的活动等有它们的自然规律,但在我们想象的世界里,可以遵循,也可以不被任何条件束缚,自由地赋予它们不一样的特征与能力,让它们按照我们想象的方式活动。一切皆有可能。关于如何发散想象,会在后面的章节详细介绍。

● 抽象信息的转化工具

任何抽象的,我们的大脑所不能触碰的信息,都会在要用的时候默然消失。

——《遗忘的力量》

除了日常生活中看得见摸得着的形象信息，在语言中也有很多让人头疼的抽象词汇，它们通常被用来描述概念、想法等，比如"好"与"坏"、"高兴"与"难过"等。形象记忆法的核心在于通过"心灵之眼"调取出图像，但抽象信息往往难以通过五感来直接地观察到，因此，我们需要一套将抽象信息转化为形象信息的工具。

如果说转化的过程是从抽象文字到具体图像，那么我们可以从转化的两个端点入手，寻找转化的方法。

（一）从图像出发，寻找代表物

很多抽象词汇被用来描述人们的想法，而想法的诞生往往来源于特定的场景，我们要做的，就是根据词义去复原，或者去创造出一个场景，能够代表或者令人联想到原词。

比如，"勇敢"，这是一个形容词，不是可以直接看到的形象，但提起勇敢，我们可以联想到很多让勇敢"发生"的场景。在构建场景时，对出场的人物打上三个问号：他是谁？他在哪儿？他在干什么？

例如，警察叔叔勇敢地与歹徒搏斗。

这是对一个情景画面的精炼、概括，而我们在想象画面的时候，要尽可能丰富细节，调动"心灵之眼"，尽可能清晰地看到警察、歹徒和路人的容貌，事件发生地的特征，然后通过动态画面的想象让人物动起来。如此，这个画面就变成了这样：

傍晚时分，一个看起来30岁左右的歹徒在餐厅里抢了一个钱包。餐厅里的客人大声喊："抢劫！"歹徒冲出餐厅门的时候，正巧遇上巡逻的警察叔叔。警察一把抓住歹徒，歹徒奋力挣扎，还拔出了刀。警察叔叔勇敢地搏斗，制服了歹徒，夺回了受害者的钱包。

根据我们构建的这个场景，就可以选择警察作为"勇敢"一词的代表。

请注意，我们选择的是这个场景中的警察，与其他警察是不一样的，因为由警察可以联想到很多抽象词汇，而只有这个场景中的警察被我们赋予了"勇敢"一词。

（二）从文字出发，巧妙地谐音

在不考虑音调的情况下，汉字只有四百多种读音，但汉字的数量却庞大得多，因此，我们很容易找到一个字的同音或者近音，作为一个词语的谐音。"谐音梗"在我国有着悠久的历史，比如过年的时候，家里烧一条鱼，寓意年年有"余"；孩子摔碎了碗，就说上几次"岁岁（碎碎）平安"来化解小灾。

因此，在我们遇到抽象词语时，利用谐音的方式找到对应的形象词，就可以构建出画面了，比如"价值"谐音为"架子"，"理智"谐音为"荔枝"，"估价"谐音为"骨架"等。谐音在帮助词语转化的同时，也可能会导致错别字的出现，所以根据具体应用场景选择记忆方法，如果需要精准记忆，可以考虑多用别的方法。

（三）从文字出发，将文字重组

将文字重组，意味着在原有词汇的基础上增加或减少一些字，又或者颠倒字的顺序，把文字重新排列组合。这样一来，词语就变了个样子。我们用变化后的形象词语所对应的具体形象，来代表原始的词。

比如，将"单元"重组（增加字）为"单元门"，将"离子"重组（增加字）为"离开儿子"，将"激动"重组（颠倒顺序）为"冻鸡"，将"联想"重组（颠倒顺序）为"项链"等。

在重组文字的过程中，增加或减少的字并没有太多的限制，可以加一个，也可以加上几个。颠倒顺序的应用中添加一些谐音也会有助于转化。我们的思维可以发散得很远，却也要想办法适时拉回来，便于准确还原出原词。

第二节 给记忆挂上钩子
——组合联想

● 什么是记忆的钩子？

在上一节中，我们了解了形象记忆。将形象或抽象的文字转化为图像，然后将图像信息留在我们的大脑中，那么当我们要记忆的信息数量较多而且杂乱的时候，即使很好地转化为图像了，也难以将这么多的信息都整理清楚，这个时候我们要怎么处理呢？

一个简单有效的方法就是，给要记忆的内容装上钩子，让它们互相勾连在一起，那么当提到其中一部分信息时，我们就很容易回忆起与之相连的其他信息了。

这其实并不是一个新奇的发明，我们已经对它很熟悉了。很多时候，记忆常常关联着情绪。经历的事情会留下相应的情绪感受，于是情绪也会触发事件的记忆。因此面对一件事，自我的感受会牵引出曾引发相似感受的事件记忆。比如，一个人如果在幼年时期有过溺水的经历，就可能留下和水有关的心理创伤，独自待在稍微大些的水塘边，心中就感觉特别慌。长大后，如果想要学习游泳，则需要先通过心理治疗来克服对水的心理障碍。

当然，我们并不需要将每一个要记忆的信息都和情绪连在一起，只要让零散的信息点互相之间有所连接，就可以利用这个特点，很好地帮助我们梳理和记忆各种信息。

读到这里，你可能会有疑问：我要背的东西又多又杂，它们之间并没有什么关系怎么办？

的确，有一些内容之间有着逻辑关系，但也有很多内容是互相独立的。

不过，无限的联想可以将看似没有相关性的两个物品组合在一起。组合联想法，就是将两个独立的形象通过某种方式组合在一起，创造出一个新的形象或画面，同时不影响对原始的两个形象的回忆。

在接下来的章节中，我将介绍几种组合联想的策略，帮助你在信息点之间快速建立联结。

> **tips**
>
> ### 情绪与记忆
>
> 前文提到，很多事件的回忆和我们的情绪感受有着千丝万缕的联系。听到一段悲伤的音乐，身处一个阴暗的地方，可能就会不由自主地想起一些让自己难过的过往。
>
> 那么，如果想些开心的事，是不是也就能让心情好起来了呢？
>
> 就像电影《音乐之声》中，玛利亚歌唱的那样："穿着配有蓝色绸缎腰带的白色裙子的女孩，雪花落在我的鼻子和睫毛上，银白色的冬天融化成春天，这些是我最喜欢的几样东西。当狗咬伤我，当蜜蜂蜇到我，当我感到悲伤的时候，只要记起我最喜欢的东西，我就感觉不那么糟糕了。"

● 组合联想的三条策略

（一）万能的主人公

在动漫《秦时明月》中，墨家有一位叫作班大师的统领，是墨子的后裔。他看起来是个迷迷糊糊的老头儿，实际上却是精通非攻机关术的专家，善于发明制作各种机关。班大师幼年时曾因为意外而失去一条手臂，而善于制造各种机关的他给自己造了一条机械手臂！

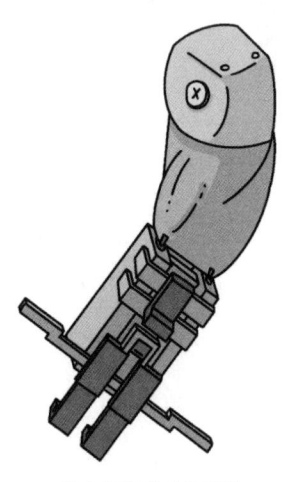

班大师的机械手臂

这条机械手臂可不只是有手臂的形状，它还是一个隐藏的万能工具箱，它可以根据需求展现出不同的工具，比如，它可以变出斧子来砍柴，可以伸出小刀来切割，还可以组成锤子进行击打。只有想不到的功能，没有班大师做不出来的工具。

当我们面对两个独立的东西，并希望在它们之间建立联系时，可以选择其中一个作为主人公，由它做出主动的动作，作用于另一个东西，从而让两个形象互相接触，进而产生相应的结果。而这个主人公所能做出的动作，同样变化万千。

比如，"铅笔"和"白纸"，两个都是我们很熟悉的东西，如何联结它们呢？我们很容易想到，一支铅笔在白纸上写字。那么如果把这支铅笔的能力想象得丰富一些，产生的联想会不会有更多的可能性呢？比如，一支铅笔戳向白纸，戳出了一个洞；或者，把这支铅笔的笔尖看作像裁纸刀一样锋利，在白纸上划出各种形状。

以上是以"铅笔"为主人公做出的动作，其实我们也可以调换一下，让"白纸"主动做出动作，可能会产生很不一样的结果。我们能观察到，白纸是一个很薄、质地比较柔软的东西，由此很容易做一些联想。比如，白纸将铅笔卷起来，这就是一个很生动自然的联想。同样地，如果我们赋予白纸更多的能力和特质呢？比如，我们想象出一张很硬的白纸，它就像刀片一样坚硬而锋利，一下子把铅笔切成了两段。运用上一章节讲到的动态形象的想象，将这个过程想象出来，是不是一个很有趣的画面呢？

有人说，我能想象出来的动作有限，想象了白纸切断了铅笔，遇到"白纸"和"钢笔"这两个词的时候，也总想着用白纸切开了钢笔，回忆的时候很容易混淆铅笔和钢笔这两个词，这该怎么办呢？

首先，想象力是无限的，时刻相信自己会灵感迸发，可以做出各种新奇的设定。如果刚刚做了"白纸"和"铅笔"的联想，面对钢笔时，可以试着为白纸赋予一些不同的特质，想象一些其他的动作。其次，从技巧上来说，当我们想象一个东西做出主动动作时，对于不同的被动接受动作者，最好设想出不同的结果。比如，"白纸"切断了"铅笔"，断面露出了铅芯，那么相应地，当"白纸"切断"钢笔"时，不同的结果就是钢笔里面的墨水流出来了。

（二）移花接木

在电影《哈利·波特与阿兹卡班的囚徒》中有这样一个场景：在黑魔

法防御术课上，卢平教授教大家如何对付博格特。博格特会变成你内心最害怕的东西，而战胜它的办法则是大笑。卢平教授让小巫师们在说出咒语的同时，尝试为眼前恐惧的东西想象出一种最好笑的变化。

课堂中有一个学生名叫纳威·隆巴顿，是一个十分害羞腼腆的男孩。当卢平教授问他最害怕什么的时候，他十分小声地回答道："斯内普教授。"引得众人一阵哄笑。

卢平教授笑着点了点头，问起纳威是不是和奶奶一起生活，而后笑着说，他想让纳威仔细回忆一下，然后告诉大家他奶奶平常会穿什么衣服。纳威看起来有些吃惊，接着说起奶奶总是戴同样的帽子，那种高高的、有动物标本的帽子，穿一件绿色的长长的衣服，有时还围着一条狐狸皮围巾。

"还有手袋是不是？"卢平教授鼓励他说下去。纳威点了点头，说奶奶会带着一个红色的大手袋。卢平教授问道："你可以把这些衣服描述得很详细。纳威，你能在脑子里看见这些衣服吗？"他附在害羞的纳威的耳边，小声帮他出了一个主意："让你最害怕的斯内普教授穿上你奶奶的衣服。"

随后，卢平教授放出了博格特。博格特果然变成了一脸严肃的"斯内普"教授，气势汹汹地走了过来，双目炯炯地注视着纳威。

纳威一步步往后退，举起魔杖尖叫着说出咒语。随着一阵噪声，"斯内普"教授好像绊了一下，他的穿着突然变成了一件长长的、绣着花边的女服，头戴高帽，帽顶上有个老雕标本，手里还晃荡着一个巨大的猩红色手袋。全班哄然大笑。

面对两个完全独立的形象，我们可以使用这样移花接木的方式将它们组合在一起。放弃每个形象各自的部分特点，但剩余的部分足以让我们完成对原来整体形象的还原。将两个保留部分特点的形象融合，形成一个新的、独一无二的形象，完成移花接木式的组合联想。

比如，"海豚"和"台灯"，对这两个词做一次移花接木式的组合，你会想到什么呢？

我们可以先观察一下这两个形象。"海豚"是一种动物，日常生活中常常通过它的外形来分辨；"台灯"则是一种常用的电器，最大的特点是接上电源就可以发出亮光。那么我们对这两个形象进行一次融合，设想一个这样的形象：一个海豚形状的东西，里面装有一只灯泡。海豚的尾巴连接着电源，接上电后，"海豚"就发出了亮光。

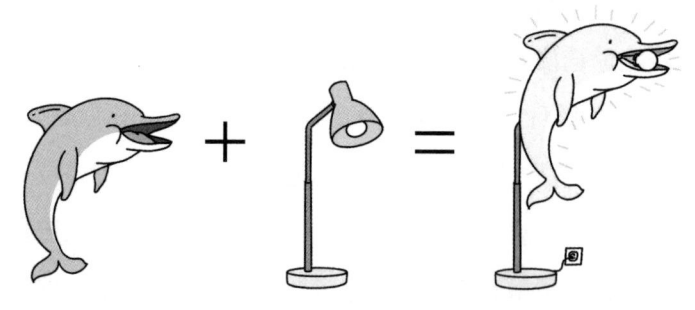

在想象的过程中，尽可能清晰地看见形象变化前后的样子，会更有助于长期记忆的形成。就像卢平教授在放出博格特之前，特意帮助纳威仔细地回忆奶奶穿着打扮的细节，并询问纳威，他是否能在脑子里看见这些衣服。那么我们在记忆的时候，也可以问一下自己，有没有打开心灵之眼，是否真的在脑海中看见了我们要想象的东西。

此外，在练习的初期，想象联结发生的时候，可以尽量保留变化的过程，就像电影的慢镜头一样，看着两个物体开始接触，逐渐融合，最后变成新的形象，这样会更有助于记忆。

（三）借桥过河

阴历七月初七是我国的传统节日，七夕节。在这个节日背后，有一段牛郎织女的爱情故事。这个故事流传千古，也被誉为四大民间爱情传说之一。

相传，有一个放牛的小伙子，性格忠厚老实。有一次，他因为心善照顾了一头生病的老牛，得到了灰牛大仙的指点。牛郎按照仙人所说，前往山边的湖泊，遇到了来湖中戏水的织女。两人一见钟情，结为夫妻，生活幸福美满。可惜好景不长，人神相恋违反了天条，王母娘娘得知此事后亲自下凡带回了织女。牛郎在老牛的帮助下，带上儿女一起腾云驾雾去追织女，谁知王母娘娘拔下头上的金簪一挥，一道宽阔的天河出现，将两人隔在两岸。这对恩爱夫妻只能隔河相望，时间久了，他们也就变成了天河两岸的牵牛星和织女星。

他们忠贞不渝的爱情感动了喜鹊，于是，成千上万只喜鹊飞来，搭成一座鹊桥，让牛郎织女走上鹊桥相会。王母娘娘见此情景，也无奈地允许他们每年七夕相会。

有时我们希望建立联结的两个形象，看起来就像牵牛星与织女星一样分隔在天河两边，遥不可及，难以直接建立联结。这时，我们就可以找到一个中间事物，与这两个形象都有关系的中介，帮助我们建立联想。就像飞来的喜鹊组成的鹊桥，帮助牛郎和织女过河相会。

举个例子，"银行"和"巧克力"，看起来似乎没有直接联系的两个形象，如何在它们之间建立联结呢？

看到银行，很容易想到钱，而钱可以用来买巧克力。于是，我们用"钱"作为中介，联想到从银行取出钱买下一块巧克力的画面。或者，银行是一个公共场所，这个地方常常有很多人，我们是否可以加入一个"人物"的中介呢？比如，银行里的工作人员正在吃巧克力。

在使用借桥过河这个策略时，我们引入了第三个形象，因此也需要注意，不要混淆了我们原本要记忆的两个形象。在想象动态画面的时候，可以通过放大、放缓的方式，构造特写镜头，从而适当地强化要记忆的目标内容，把引入的第三个形象放在辅助联想的位置就好。

● **大脑最喜欢的联想画面**

当我们运用图像记忆的技巧，来"看到"通过联想建立起来的画面时，可以问一下我们的大脑，更喜欢什么样的画面。顺应大脑的习惯来进行联想，会更有利于长时记忆的形成。

大脑喜欢的画面形式，可以总结为"SEE"法则，"SEE"是一个缩写，它代表了三个部分：感官（Sense）、夸张（Exaggeration）、活力（Energize）。

（一）感官

在第一章中，我们提到了大脑对信息的编码，而在形象记忆的篇章中，我们讲到通过沉浸式观察调动更多的感官以收集信息，让"心灵之眼"更为清晰，这十分有助于将短时记忆转化为长时记忆。

而现在我们要做的，就是在我们进行组合联想画面时，尽可能调动起多种感知途径，让自己沉浸在创造的画面中。

比如，银行里的工作人员正在吃巧克力。

你会怎样想象这个画面呢？要如何调动更多的感官呢？

首先，设定一个视角。既然要调动感官，那不妨将自己想象成这个工作人员。我正坐在银行的柜台后，面前是玻璃窗，透过它可以看到银行大厅。室内的空调开得很足，体感温度有点低。我打开手中巧克力的锡纸包装，将巧克力放进嘴里。

这是一段对联想画面的详细描述，而感官信息就藏在其中。比如，我拿起巧克力，可以看到它的形状，感受到它的温度。拆开包装，锡纸会带来有一定硬度的触感。我会听到锡纸撕开时传出的声音。巧克力露出后，散发着浓郁的香气。最后，将巧克力放进嘴里，感受到细腻甜美的滋味。

一个简单的联想画面中，有着许多可以感知的细节。细节越丰富，这个联想的画面就越真实，而当联想的画面更接近真实的体验时，大脑也就能更好地将它留下来。

（二）夸张

大脑是喜欢刺激的，如果一个人长期生活在一成不变的环境中，长久地没有被刺激，一定会非常无聊，甚至会逐渐对周围事物失去兴趣，最后陷入抑郁。

而我们建立的联想，是只存在于我们脑海中的世界，在这个世界里，没有任何限制，可以尽情地按照我们的喜好去创造。这时，如果我们创造出一些新奇的、过去从未见过的、现实世界中不敢想象的东西，大脑就会被我们的创意惊艳到，从而很好地记住它。

前文讲到"万能的主人公"这个联想策略时，我就在鼓励大家赋予形象非同一般的能力和特质，尝试更有趣的联想方式。在这里，关于"白纸"和"铅笔"这组词语，我们可以尝试着想一想，看看有什么更新奇、更夸张的联想。

A 将白纸卷成细条状，用它在铅笔上刻字。

B 将铅笔按在白纸上，铅笔被压扁了，和白纸粘在了一起。

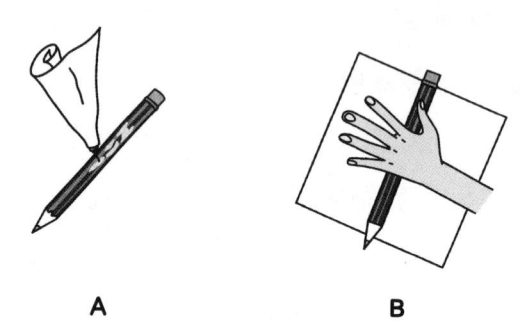

这是我的两个联想。就像我们一直在说的，想象有着无限可能，放开限制，创造属于自己独一无二的联想吧！

（三）活力

最后一个法则是活力，或者也可以理解为活跃、充满能量的样子。

什么是充满活力的联想呢？

一位旅游博主应邀游览景区后，拍摄了一段视频（vlog）：首先拍摄上车前的外景，然后切换到车内，透过窗户拍摄外面飞驰而过的景色。旅行就此开始。到达目的景区后，一个全景镜头展示所在的大环境，是繁华的闹市。接着是当地特色的美食和人文，用镜头记录下自己品尝美食时的样子，用陆上的空镜做不同地点的过渡。最后以航拍画面结束视频。

这样一段视频宣传介绍，是不是很想让人身临其境地感受一下呢？

随着网络信息技术的发展，视频的媒体形式逐渐取代了图文。在日常生活中，我们也慢慢习惯了用各种短视频来传递信息，这样的内容表达形式比单纯的图片或文字更为生动,也更有活力,给大脑留下更深的印象。那么在联想画面的时候,我们也可以把画面想象成一个小视频,比图片带有更多的情感,创造有能量的联想过程。比如前文提到的移花接木式的联想,"海豚"和"台灯"两个词语,最后形成的图像是一盏海豚形状的台灯,但我们在联想的时候可以多保留一点动态的变化过程:

一只海豚形状的标本,从腹部划开,取出里面的东西,再放进去一只灯泡。把开口封闭起来,然后接上电源,灯光就从海豚里面透出来啦。

想象这样一个制作过程,关注每一点变化的细节,完成一个充满动感的联想来帮助我们记忆。

以上三条法则,帮助我们了解了大脑喜欢的画面形式,那么我们也就知道了在组合联想画面时,可以从哪些方面入手,如何找到适合自己也适合大脑的最好的联想方式。

第三节 串起记忆的糖葫芦——故事法

● "魔力之七"

我们的大脑一次可以记忆多少个零散的、没有关联的素材呢?

答案是,七个。

也许不同的人在不同的年龄,面对不同的记忆素材,对于这个问题的回答会有所不同,但大多数的情况下,这个答案是七,上下浮动的幅度为两个。

比如,这里有一串数字,012123234345456567,一共18个,看起来没有任何规律，很难一次将它们记下来，对不对？那么，如果我们对它们进行一下划分和组合呢？将18个数字划分为一些单位：012，123，234，345，456，567。

组合之后，看起来就可以很容易地将它们的顺序记住了，因为18个独立的数字被分为了6组，且每组3个数字之间存在递增的规律。依靠对这个规律的认知，我们只需要记住3个数字中的第一个，就能推理出后两个，那么这3个数字在大脑中就可以被认知为1个素材了。而且，如果你发现了这6组数字之间也存在着规律，那么只要记住第一组就可以推理出后面的数字。由此一来，这18个数字对我们来说也就成为1个整体的记忆素材了。

这就是著名的"魔力之七"法则，是美国心理学家约翰·米勒在进行短时记忆的广度测定时发现的记忆规律，是对大脑记忆比较精确的测定。得出的结论是，正常成年人一次的记忆广度为7±2项内容，多于这个数量则记忆效果不佳。同时，如果在回忆时存在时间上的延迟或来自外界的干扰，记忆的数量可能受到相应的影响而有所减少。

● 故事的两种模式

上文，我们介绍了组合记忆法以及联想的策略，运用这个方法可以将两个看似不相关的东西联结在一起。但当我们面对数量较多的信息时，仅仅做两个信息之间的联想，仍然不足以满足我们的需求。

而接下来要讲解的是，通过连续的、无限次数的联想，将一个个信息串联起来，就好像街边制作冰糖葫芦的卖家，将山楂一颗颗地串在竹签上。理论上来说，只要竹签足够长，就可以串上无限数量的山楂。

（一）锁链法

当我们要记忆的信息数量较多，相互之间又相对独立时，可以使用锁链故事法。先从第一个形象联想到第二个形象，再从第二个形象开始，做出联想联结到第三个形象……这样无限地联结下去，环环相扣形成一条锁链，就能对这些信息进行串联记忆。

我们来看一下具体的做法。

锁链故事法是组合联想的进一步应用。在开始联结之前，可以先对记忆的信息进行一下图像画面的确认。对于形象的信息，打开"心灵之眼"感受一下它的图像；而如果是抽象的信息，可以应用前文讲解的抽象信息转化的方法，将它转化为具体的形象。

确认了图像信息后，就可以开始进行联结了，从第一个形象开始，运用前文组合联想的策略，作用到第二个形象。这个联想完成后，再从第二个形象开始，重新联结至第三个形象。

这里我们可以看到，第二个形象应用了两次，一次是被动地接受，一次是主动地出击。如果锁链继续延长，那么整个链条上除了首尾两个以外的每个信息点，都会出现相似的两次应用。

因为锁链故事法的定义是两两联结，两个信息在进行属于自己的联想时，想象画面的关注点就落在这里，完成了这个联结的内容，与下一个联结无关。也就是说，无论这个形象在前一次联结中受到了什么作用，产生了什么变化，都不影响它恢复原状，再主动做出动作，连接后一个信息。

我们来看一个具体的例子：

维生素含量较高的水果：猕猴桃、葡萄、橘子、柠檬、柿子、火龙果。

首先，确认一下每个信息的图像。这几个词语都是水果，也就是形象词，根据自己对它们的认知，想象一下这几个水果具体的样子，有什么特点。调动五感，让"心灵之眼"看到的画面更清晰。如果遇到不太熟悉的内容，提前查找一下对应的照片，或者直接当作抽象词，运用抽象转化的方式转化成熟悉的图像。

接下来进行联结。下面是一个完整的故事，也就是一条锁链：

一个切开的猕猴桃滴下了几滴果汁，果汁落在葡萄上，顺着葡萄弧形的外皮滑落。一颗巨大的葡萄向前翻滚，撞到橘子，把橘子撞得向前滑动了一大步。剥开橘子的外皮，里面裹着一颗柠檬。柠檬切成片，插在柿子身上。柿子上面的叶子埋在土里，然后长出了一颗白心火龙果。

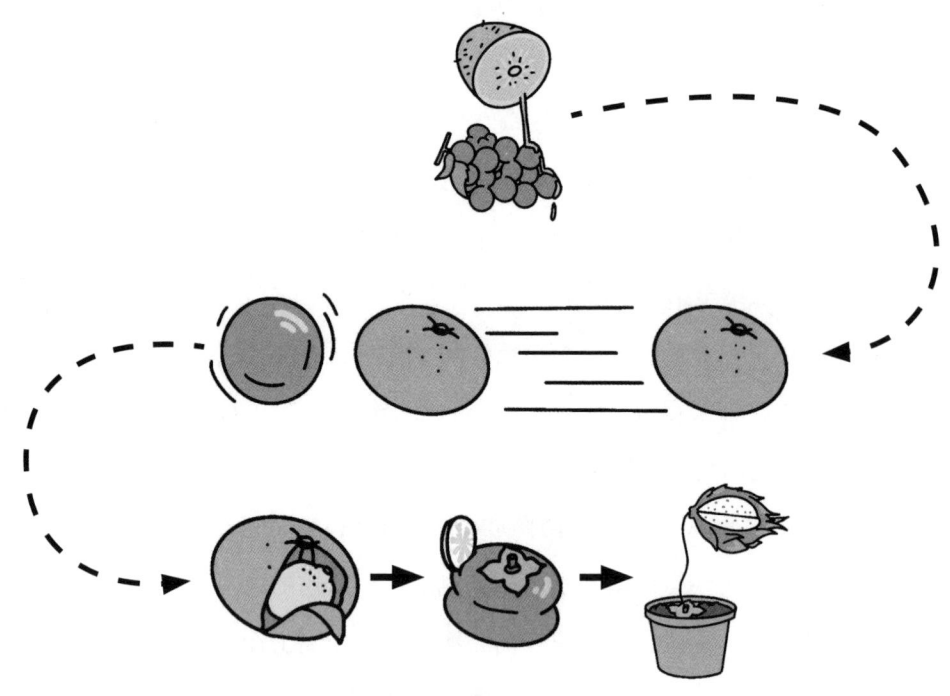

以上就是一个应用锁链故事来记忆信息的案例。可以看到，词语之间进行联结时，有应用到前文提到的组合联想的策略。比如，"巨大的葡萄向前翻滚"运用到了"万能的主人公"的策略；"橘子皮裹着柠檬"运用到了"移花接木"的策略；"柿子的叶子埋入土，长出火龙果"则是通过"土"这个媒介，应用了"借桥过河"的策略。

每个策略有着各自的特点，你可以根据自己的喜好，选择最得心应手的联想方式，也要关注前文讲解的每种图像化的小技巧，让图像画面更为清晰。

曾经有学员在进行联想时，总是喜欢反复用几种动作或者组合方式。比如，猕猴桃打了葡萄，葡萄砸向橘子，橘子变成了柠檬，柠檬再变成柿子，然后这样一个一个变下去。单一的动作可能会模糊不同词语之间的区别，从而令记忆者在面对大量相似的记忆信息时产生混淆。世界上没有两片一模一样的树叶，每一个物体都有着它独一无二的特点，观察这些特点，而后根据它们设想出独特的动作联结。相信自己的想象力！

同时，在初期进行联想练习时，对于同一组词语，有意识地将几种策略都主动运用起来，有助于发散我们的思维，也有助于在短时间内进行多次联想，想出多样化的动作。

记忆完毕之后，请合上书，尝试着回忆整条记忆锁链。很多词语第一次做的联结可能不是很完美，回忆的过程正是对联想记忆的检验，如果有不太容易想起的联结，可以进行局部的调整，强化联想过程中的细节，或者换一种联想方式。在脑中回忆完毕后，尝试将每个形象还原，在纸上默写出这组词语。如果记忆的素材比较重要，需要长期应用，可以把这个联结的画面记录下来。可以文字记录，但更推荐用简笔画的方式，方便在需要的时候快速复习。

现在，请尝试将刚才记忆的，维生素含量较高的水果默写出来吧：

如果成功默写出了这组词语，恭喜你，完成了第一次锁链故事记忆。

（二）情景故事法

相信大家对"故事"并不陌生，年幼时，你可能听过各种童话故事、哲理故事等。故事的基本要素包括人物、情节和环境，故事的艺术来自对人类社会生活的捕捉，是作者对社会生活的洞察。故事中汇集了某一段时间内的社会知识，也涉及故事之中人物的情感体验。一个出色的故事往往需要敏锐的觉知能力和天马行空的想象力，二者相辅相成。

而情景故事法就是通过编故事的形式，将我们要记忆的信息按一定的顺序，添加、构建到一个逼真而奇幻的故事中，而后通过在脑海中想象动态画面，将情节画面像播放电影一样展示出来。如此，我们将获得一个帮助我们记忆的精彩故事。我们来看一个案例：

在一个山坡上，有一只兔子在自由地奔跑，然后被一把小提琴绊倒了。它推开小提琴，在琴下面发现了一个苹果。它将苹果切碎，倒进了奶茶中。奶茶还没来得及喝，就看见附近的另一只兔子跑来找自己打架。这只兔子就把粉笔当成子弹，装进手枪中。扣动扳机，手枪却射出了玻璃球，击中了另一只兔子的裙子。

这是一个简单的小故事。读完一遍后，试着在大脑中构想一下每个画面，而后尝试一下按照顺序回忆出来。

相比锁链法，情景故事法更像是一个有着人物、场景，情节完整的故事。所以在开始编故事之前，我们先观察一下要记忆的信息，看看里面有没有适合做主人公的形象。根据字面信息或含义信息联想故事。并为要记忆的内容设想一个独立、完整的情景。

在有了一个大概的画面轮廓之后，我们就可以开始编故事了。一个一个地将词语连接起来，你可以编写有逻辑的情节，也可以创造只存在于想象世界中的联结。故事编完后，再回到第一个词语，将整个故事仔细地回忆一遍，检查每一个联结，看看是否有不太连贯的地方，或是不太容易回忆起的部分，对故事的编写细节进一步优化。

故事编好，我们的记忆过程也就完成了。这时，闭上眼睛，尝试在脑海中回想故事的画面，并将故事中的信息还原为我们要记忆的内容。如果有所遗漏，可以为遗忘的情节画面增添细节，再特别强化记忆一下。

到这里，我们的一个情景故事就完成啦。它是一个独立的故事内容，如果希望长久记忆，可以记录下故事的名字，也可以尝试用简单的图画记录，便于以后复习。

> **tips**
>
> ### 编写故事的经验
>
> 情景故事法是根据对记忆信息的理解和联想，将信息重组记忆的方法。比起锁链法，在情景故事中，存在着一个主人公，可以与所有的信息点发生联结。下面四点是在情景故事法的应用中，我总结的一些经验：
>
> 情景故事法的应用，根据需求而变。在编故事的时候，如果某部分内容需要按照顺序回忆，那么可以刻意安排每个形象的出场方式，让它们按照理想的顺序出现；如果不想按顺序排列，那在编故事时可以根据自己的思维习惯排列，只要故事包含所有的信息即可。
>
> 大脑喜欢的是生动但简洁的情景故事。我们在对词语进行联结想象时，可能会为整个故事进行情景设定，添加一些人物和环境信息，但是要注意这些信息在故事中的占比。人物的出场帮助情节的推进，但数量不要太多。场景的设定带来环境的细节，但转换不要太频繁。总而言之，添加信息是为了帮助我们记忆，如果因为无关信息过多而混淆了原本要记忆的内容就得不偿失了。
>
> 同类型的信息简单地放在一起，回忆的时候很容易有所遗漏。在记忆的过程中，很容易见到一些基本上是同类型，属于并列关系的内容，如打篮球、跑步、游泳，它们都是运动项目。这时，如果我们的故事是我喜欢打篮球，也喜欢跑步和游泳，三个项目放在一起，它

们之间没有什么联系，回忆的时候就可能忘记其中某个或某些。如果故事是我打篮球，然后去跑步，跑完步去游泳，词语之间虽然有了联系，但因为它们本身有很多相似的属性，回忆的时候很容易混淆前后顺序。最好的办法是，通过情节的细节，确定运动项目的内容，也确定它们发生的顺序。比如，我打了一会儿篮球，投进了十个球，然后把篮球装进背包，背着去跑步；跑到游泳池旁边，直接跳入水中游泳。

正如前文一直提到的，打开"心灵之眼"，让故事的画面清晰地呈现出来。情景故事有具体的环境信息，记忆的时候不妨让自己身临其境，进行沉浸式的联想记忆。我们可以想象自己在这个环境中旁观事情的发生，也可以想象自己就是那个神奇的主人公，在想象的世界里，我们是无所不能的。尽情发挥自己的能力，让故事按照自己喜欢的方式发展。

（三）强强联手，效果更佳

故事法通过联想等方式，可以将很多独立的信息串起来。在技巧方面，故事法分为锁链法和情景故事法两种。

锁链法中，我们更倾向于利用组合联想这样的联结方式。用图像化的方式将不同的词语联结起来，两两结合，画面之间相对独立。而情景故事法则构建完整连贯的一个故事，其中部分内容可以使用逻辑关系串联。在这个故事中，有人物，有情节，有场景，像是一个小视频或者动画片，里面承载着我们要记忆的信息。创造出这个故事的我们，就是这个视频的编剧和导演。

虽然在技巧的讲解上有所划分，但在实际应用上并没有绝对的界限，有时，二者会统称为锁链故事法。也就是说，如果在使用锁链法时，遇到有人物和情景的情况时，可以在局部使用情景故事法。如果在使用情景故事法时，遇到一些几乎没什么关联、一时想不到合理情节的内容，也可以使用锁链的形式将它们直接连在一起。总之，能够达成将信息记住这个最终目的的记忆方法，就是最合适的。

第四节 化繁为简的利器——歌诀法

● 歌诀无处不在

电影《音乐之声》中，女主角玛利亚是修道院的一位见习修女，但她天性活泼好动，热爱自然，会因为在山林间自由奔跑歌唱而忘了时间。院长觉得她这样活泼的性格不适合做修女，推荐她到特拉普上校的家中，为七个失去母亲的孩子做家庭教师。

由于长年的军旅生涯和对妻子亡故的悲伤，上校对待孩子们就像对待士兵一样严格。玛利亚看到孩子们得不到父亲关爱的苦恼，用自己的温柔善良赢得了孩子们的心。她带着孩子们去阿尔卑斯山上野餐，想要教孩子们唱歌，但孩子们却说他们完全不会。玛利亚决定从头教起，她用谐音、形象记忆等方法，为唱歌所用的七个基础音名创作了一段歌诀，让孩子们更容易学会唱歌，也更有趣。

Doe, a deer, a female deer.	Doe（do）是鹿，一只母鹿。
Ray, a drop of golden sun.	Ray（re）是金色的夕阳。
Me, a name I call myself.	Me（mi）是我的名字。
Far, a long, long way to run.	Far（fa）是长长的路要跑。
Sew, a needle pulling thread.	Sew（sol）是针儿穿着线。

La, a note to follow Sew.	La（la）就跟在sol之后。
Tea, a drink with jam and bread.	Tea（ti）是饮料配面包。
That will bring us back to Do.	那就让我们再次回到do。

电影上映后，这首《Do Re Mi》因为旋律简单，歌词通俗易懂，成为一首很经典的音乐启蒙歌，在全世界流传。它所描述的情景生动形象，再加上朗朗上口的旋律，让整节歌词内容变得更容易记忆，很受孩子们喜爱。

事实上，很早以前就已经有运用歌诀帮助记忆的方法了。《诗经》是中国古代诗歌的开端，也是最早的诗歌总集，它的题材涵盖了古代社会生活的方方面面。诗句的句式以四言为主，这样的句式有着很强的节奏感。此外，"雨雪霏霏""如切如磋"等重言词或双声叠韵的使用，让《诗经》的文字语言颇有音乐美。一唱三叹，循环往复。

在西方，也有着类似的诗。在欧洲，有一部集古希腊口述文学之大成的长篇史诗，称为《荷马史诗》，分为《伊利亚特》和《奥德赛》两部分，讲述了特洛伊战争中，阿喀琉斯与阿伽门农的争端，以及后续的故事。史诗中关于古代传说的部分，完全是靠着乐师的记忆流传下来的口头文学。这部史诗语言生动，结构严谨，内容更是涵盖了历史、地理和民俗等方方面面。它几乎是一部反映当时社会情况的社会史。而内容丰富也意味着它的篇幅极长，每部史诗都有一万多行。不过，《荷马史诗》采用六音步扬抑格，有着很强的节奏感。很显然，这样的诗体本身就是为吟诵而创造的。辅以乐器演奏，这样的长诗篇也变得很容易背诵和流传。

从心理学的角度看，声音是短时记忆的主要编码方式，语义则是长时记忆偏好的编码方式，歌诀法正是结合了声音刺激和语义理解，大幅降低了记忆的难度。

歌诀记忆法分为字头歌诀法和不限于字头的歌诀法，接下来我们分别看一下它们的具体应用。

● 字头歌诀法

字头歌诀法是将一组信息中，每个信息点的第一个字提取出来，重新组成有意义的一个词语或一句话，将一组信息串联起来。

在英语中，常使用首字母缩写的方式来表示一长串信息。比如，一家公司的核心价值，包括安全（safety）、信任（trust）、责任（accountability）、尊重（respect）和团队（team），可以缩写成START。类似地，在行为学面试中，有一个经典的STAR法则，代表情境（situation）、任务（task）、行动（action）和结果（result）。在不需要详细介绍的场合，使用缩写词可以很好地将内容概括起来，也更容易记忆。

有些情况下，即使这些首字母缩写并不能组成单词，也可以以缩写的形式表达相应内容。在日常生活中，首字母缩写几乎是大家最常用的记忆方法之一。比如，"China central television"，看到这个短语，你明白它是什么意思吗？如果一时没有头绪，我们就换一个形式：CCTV。没错，这个短语就是中国中央电视台的英文全称。虽然许多人并不懂得这一缩写的英文全称，但我们已经自然而然地将"CCTV"与"中国中央电视台"联结在了一起。

我们来看如何将这个方法应用起来，下面是一个简单的案例：

中华十大名山：泰山、黄山、峨眉山、庐山、珠穆朗玛峰、长白山、华山、武夷山、玉山、五台山。

第一步，我们分析一下这组信息。这组词语是祖国一些名山的名字，也比较通俗，其中很多山名我们可能在生活中曾听过或见过，如珠穆朗玛峰。由于熟悉度高，我们可以将每个名字当作一个整体来记忆，并不需要拆分成单个的字来记忆。这组信息是我们比较熟悉的内容，而记忆的目标是将十个名字记全，因此，十分适合运用字头歌诀法。

第二步，我们来挑取字头。十个字头：泰、黄、峨、庐、珠、长、华、武、玉、五。挑取完毕，要记得检查一下，如果遇到字头重复的情况，我们就要考虑换一个字，不要让同一个字重复代表两个词。在这组信息中，虽然没有出现相同的字头，但"武"和"五"是同音字，为了更便于信息的还原，这里我们改用"夷"来代表"武夷山"。

第三步，我们现在可以尝试将这十个字组合在一起了。这十大名山的排名不分先后，因此，我们可以随意组合这十个字，比如，庐华峨黄五夷玉珠泰长。

第四步，这是很关键的一步，为看似没有什么含义的字串，赋予一个实际的情景意义。这里我们可以适当地用到谐音、拆分等方法，来帮助字词具体化。那么刚才的字串就变成了歌诀：路滑，娥皇五一玉珠太长。我们再来具体想象一下这个画面：因为路滑担心摔倒，娥皇把一条由51颗玉珠组成的太长的项链摘下，收了起来。

第五步，就是最后的回忆环节。记忆的转化最终落到了这幅情景画面上，那么，看到这幅图，我们能不能还原出这句歌诀，再一步一步地还原出中华十大名山的名字呢？如果在这个过程中，出现了难以还原的部分，可以对记忆信息处理转化的内容进行适当的调整，编写出最适合自己思维模式的字头歌诀。

这里我们举的例子只有十个信息点，数量不多，因此在组成歌诀的时候可以组成一句话，并不会很难形象化。如果我们要记忆的信息点数量比较多，最好将它们适当拆分开，四个字一句，五个字一句，或是七个字一句。如果歌诀之间能够押韵，读起来更加有节奏感就更好了。

字头歌诀有效地将繁杂的信息精简化，但由于它只选择了每条信息中的一个字，而这个字可能并不足以表达这条信息的全部含义，所以也就可能会影响到我们对整条信息的完整还原。因此，字头歌诀法最适用于内容熟悉，单个信息不复杂，或者所有信息属于同一类，信息数量较多需要串起来记忆或者按顺序记忆的情况。字头歌诀的形式相对工整，可以有效地避免遗漏了某一个。

● 不限于字头的歌诀法

上一节提到，字头歌诀法将所有信息的第一个字组合在一起编成歌诀，可以有效地将所有信息点包括在内。但也因为只挑取了第一个字，这个字可能并不十分具有代表性，所以会在回忆阶段影响信息的还原。为了解决这个问题，接下来，我们将讲解不限于字头的歌诀法的应用。

前文我们讲解"歌诀"时提到，歌诀之所以能辅助记忆，除情景画面的形象信息外，还有歌诀自身具有节奏韵律，能让人十分顺口地吟诵出来的原因。因此，当我们面对比较复杂，或者比较陌生的信息时，可以尝试挑选出能概括信息的关键词，进行二次加工，编写成一段歌诀，或者一段顺口溜。

在歌诀法的应用上，有一个非常经典的案例，那就是《朝代歌》：

三皇五帝始，尧舜禹相连。

夏商与西周，东周分两段。

春秋和战国，一统秦两汉。

三分魏蜀吴，两晋前后延。

南北朝并立，隋唐五代传。

宋元明清后，皇朝至此完。

这首《朝代歌》来源于中学历史课本，虽然不同版本间略有不同，但它们都选取了我国历史上各个朝代的名称，而后在中间加入了一些字词，将名称连在一起，一些词也体现了当时王朝政权的特点等。如此将这些信息汇编在一起，形成了这首朗朗上口的歌谣，再加上历史朝代年表一同使用，就可以很清晰地看出历史王朝发展的前后更替。

在分析了《朝代歌》的内容结构之后，你有没有获得什么灵感启发呢？

当面对的信息较多，内容复杂或是比较陌生的时候，我们也可以参考《朝代歌》的编写思路，将每个信息点的关键词提取出来，根据信息之间的逻辑关系，加入一些字词将这些信息连接起来。

在古诗文中，最常用到五言或七言，它们很符合汉语语言节奏，因此我们在编写歌诀的时候也可以考虑用这样的格式。同时，古代诗歌之所以朗朗上口，是因为讲究合辙押韵，音乐性很强，因此，如果我们在编写歌诀的时候，能够让每句歌诀的句尾押韵，编出来的歌诀记忆效果会更佳。

那么如何来应用呢？我们来看下面这个案例：

加热高锰酸钾制取氧气的实验步骤

①将装置连接在一起并检验装置气密性；

②在试管中装入少量高锰酸钾，在试管口放一团棉花，用带有导管的塞子塞紧管口；

③把试管口略向下倾斜，固定在铁架台上；

④将集气瓶充满水倒立在水槽中；

⑤点燃酒精灯开始加热；

⑥等气泡均匀放出后，用排水法收集；

⑦收集完毕后，把导管移出水面；

⑧熄灭酒精灯停止加热。

我们首先来分析一下这组信息。可以看到，用高锰酸钾制氧气分为几个步骤，在每个步骤中，都有相应的关键词。为了更准确地还原出每个步骤的内容，我们从每句中选择一个词而非一个字，来代表这个步骤。

将关键词提取出来，分别为：检验、装、棉花、固定、倒立、点燃、排水法、移、熄灭。

这组信息是一个实验的操作步骤，因此我们必须按照顺序来记，不能为了方便编写歌诀而颠倒关键词的顺序。将这几个词放在一起后，下一步就是编写歌诀。从格律上看，我选择了七言的形式，每句包含两到三个关键词。关键词之间用一些字词连接。在编歌诀的过程中，你可能会发现一些关键词难以押韵，此时，你可以跳回之前的步骤，改换关键词，或对关键词做一定的转化。

来看看我编写的歌诀：检验装药塞棉花，固定装置再倒立，点灯排水收氧气，移管熄灯就完毕。

我们的最终目标是相对准确地将信息记忆下来。基于每个人对每组信息的熟悉程度不同，关键词的挑选可能也有所不同。比如，如果你对这个实验很熟悉，那么只需要确保步骤的顺序不混淆，在每个步骤中只选择一个字组成歌诀也是可以的，只要自己能准确还原就好。

总而言之，歌诀法是给要记忆的信息进行一次"瘦身"，将信息中的关键部分挑出来，化繁为简，而后将精炼后的关键词组合在一起，编成一段有意义、有节奏韵律的顺口溜。歌诀法既减少了记忆模块，又保留了记忆内容的关键信息,帮助我们利用声音和意义画面的双重刺激,获得最好的记忆效果。

第五节　来自未来的脑机接口——绘图记忆

● 把你的思维投射出来

我们反复强调,图像是记忆术的核心。面对不同类型的记忆素材和不同程度的记忆目标,我们可以选择最适合的记忆方法,但几乎每一种记忆方法,最后都要利用大脑对图像印象更深刻这一天然优势。

因此在完成对不同信息的编码处理以后,我们总是需要将记忆的内容转化成一幅幅情景画面。而在这些情景画面中,情节的生动、图像细节的清晰,将直接关系到最终的记忆效果。本章讲解的几种记忆方法,面临的应用挑战也就回归到了前文讲到的"如何打开并保持心灵之眼"这个问题上。

那么,如果我们的"心灵之眼"尚不能清晰地把图像完全展现出来,有什么其他的方法能让我们真实地感受到图像的存在呢?

答案是,把眼前的图像画出来。

前面讲到的几种记忆方法,在对信息进行了处理之后,最后的联结、画面想象都发生在脑海中,某种程度上来说,这是一个很难和别人交流的过程。你有没有发现,在前面的章节中,进行案例应用讲解的时候,我会先进行联想记忆,得出我的记忆方案,再用文字描述出来,然后展示一幅图?这幅图就是用于展示我的想法。

绘图记忆就是在完成了诸如抽象转形象这样的信息处理后，用图画的方式将联想结果呈现出来。这就好像是给我们的大脑装上了一个脑机接口，把我们想象的内容，直接转化为大家都看得懂的图像或动画，将那些原本发生在脑海中，完全不可见的内容，转化为在现实世界中的可见的形式。

绘图记忆除了是一种记忆方法，对于打造整体的记忆思维系统，也有着特别的意义。一方面，将想象的情景画出来以后，可以很好地和其他人交流自己的想法。过去在和同行复盘训练结果时，大家经常提到一个现象：在做过大量联想练习后，自己的思维联想方式常常会固化为几种惯用的模式，一直在重复，好像很难跳出来。而这个时候，别人的一点想法，可能就会很好地激发出自己的灵感，让自己的大脑迸发出新的思路，做出更好、更生动的联想。

另一方面，一幅直观的绘图，给了自己一个审视想象结果的机会。虽然形象记忆的终点，是能够在大脑中完美地完成一切画面的想象，但在初阶时期，想象的细节可能还需要反复地调整。在我们将想象的画面落到纸上后，整理反思的过程就会变得很容易，我们就可以知道联结的过程缺了什么，变化发生在了哪些细节上。根据回忆的效果，以及自己的记忆感受，就可以对其做出修饰或者更改。不断地复盘可以让我们更好地进步。

> **tips**
>
> **脑机接口**
>
> 脑机接口（brain computer interface，BCI），是在人脑或动物脑与外部设备之间，建立直接的连接通路，是一种能够将大脑信号转换为另一种模式的设备。转化之后的信号可以由计算机或其他机器进

行解读和分析。

　　脑机接口的设备仍在开发研究中，它所能达到的能力目前也只存在于科幻小说中，但它的意义重大，特别是对于患有肢体残疾的人，脑机接口有望帮助他们恢复正常人的生活。

● 绘图法的神奇展示

　　上文说到，绘图记忆是将大脑根据目标信息想象出的画面，展现到现实中。而现实中的画作，种类丰富，风格多样，有色彩鲜明的油画，有以形写神的国画，还有强调明暗变换的单色素描，在具体应用时，我们应该如何选择呢？

　　那么接下来，对应着前文讲解到的几种记忆方法，我们依次来看，如何将对应的图像，画成最适合高效记忆的样子。

（一）形象记忆的单图

　　在形象记忆的章节，我们介绍了如何将抽象的词语转化为具体的图像来进行记忆。词语转化的图像含义比较单一，使用单图就可以很好地表达出来。

　　比如，"联想"转化为"项链"，你想象的项链是什么样子的呢？

　　以最简单的样子来想象，项链就是一个链条，可以再加个吊坠。关键点在于，要将它和其他可能混淆的饰品分开。所以，在这个链条后面加上脖颈的形象，简单几笔，就可以很清晰地展现出这是一条项链了。

总体来说，在绘画的时候，注意突出这个形象的关键点，确保它的独特性。只要用手中现有的工具，以类似于简笔画的方式将图形勾勒出来就好，不必画得很细致。如果记忆一个知识点只用一分钟，而画这个形象花了一小时，就得不偿失了。

在实际应用中，遇到个别的关键词需要转化，而且转化后的图像相对简单时，就可以用单图的形式在文字材料旁边绘制图像。随着时间的推移，记忆时想象的图像在脑中的痕迹可能会逐渐消退，而以单图的形式标示出来，在复习时就可以快速回忆起当时做的联想，加深这个图像的记忆。

（二）组合联想的组合图

在组合联想的过程中，我们会将两个完全不相关的形象，通过联想的方式组合在一起，那么在绘制相应的组合图时，图像应和我们的想象保持一致，突出联结的方式，同时关注原有图形的还原。

比如，在"万能的主人公"式联想中，我曾举了一个例子，想象有一张很硬的白纸，像刀片一样坚硬而锋利，一下子把铅笔切成了两段。

在这样一个画面中，主要的内容只有一张纸和一支笔，似乎很容易绘制，但我们需要令这幅组合图起到辅助记忆的效果，就需要在图中强调联结的过程。比如，在绘制时，将这支铅笔的尺寸夸张一些。同时，白纸竖直切下，断面处可见铅笔的铅芯。

那么，如果是"白纸"和"钢笔"的联想呢？不用说，要尽可能突出"钢笔"的特点。此外，白纸切断了钢笔后，里面的墨水一下子流了出来，在白纸上留下了墨迹。还有墨水从断面处流淌了出来。我们在画图时要突出描绘这些细节。

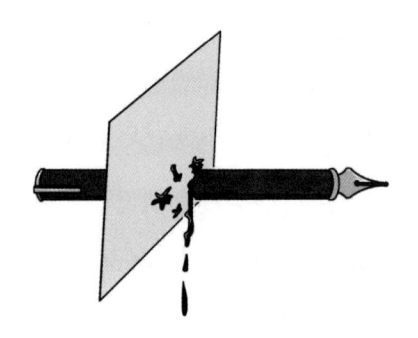

（三）锁链法的锁链图

锁链法很适合用来记忆一连串比较独立的信息点。而在锁链图中，信息转化的图像也要一个连着一个，像锁链一样延伸出去。

在前文，我们曾讲到这样一个锁链法的案例：

维生素含量较高的水果：猕猴桃、葡萄、橘子、柠檬、柿子、火龙果。

我们先对每个水果进行具体形象的想象，而后通过联想，制造出了下面这段锁链：

一个切开的猕猴桃滴下了几滴果汁，果汁落在葡萄上，顺着葡萄弧形的外皮滑落。一颗巨大的葡萄向前翻滚，撞到橘子，把橘子撞得向前滑动了一大步。剥开橘子的外皮，里面裹着一颗柠檬。柠檬切成片，插在柿子身上。柿子上面的叶子埋在土里，然后长出了一颗白心火龙果。

锁链的每一环是一张单独的图。在脑海中，我们想象着它们互相连接，不断延伸；在现实中，我们也可以尝试将它们一个一个地连接起来，形成类似锁链的一串图：

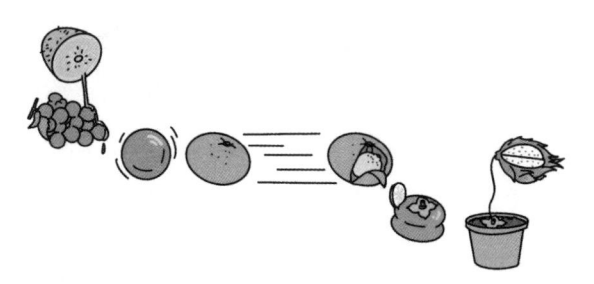

联结的顺序通常为从左到右，但这并不是绝对的，也有人喜欢反向联结，从右到左，从最后一个连到第一个。在想象和绘图时，尽可以根据我们的思维习惯来，只要整条锁链的顺序统一就好。

（四）歌诀法或故事法的情景图

使用歌诀法或故事法，甚至是对描述性文字进行形象记忆时，都会涉及情景图的绘制。通常来讲，一个简单的情景包含相关的人、事、物，以及事件发生的时间、地点等。从高效记忆的角度，我们可以在图中着重突出可以用来辨认的特点信息，尽量简略其他部分。比如，如果想画一只兔子，就重点画出两只长耳朵；如果想画一只松鼠，就突出它蓬松的尾巴，四肢部分可以简单带过。

在故事法的应用中，一个故事可能由多个情景叠加而成，这时就需要我们对故事进行结构划分，分开绘制。

在前文讲解故事法的应用中，我举了一个记忆案例，为一组词语编写了下面这个故事：

在一个山坡上，有一只兔子在自由地奔跑，然后被一把小提琴绊倒了。它推开小提琴，在琴下面发现了一个苹果。它将苹果切碎，倒进了奶茶中。奶茶还没来得及喝，就看见附近的另一只兔子跑来找自己打架。这只兔子就把粉笔当成子弹，装进手枪中。扣动扳机，手枪却射出了玻璃球，击中了另一只兔子的裙子。

在这个故事中，兔子是主人公，整篇故事都围绕着它展开。所有的动作，它几乎都有参与。对于某些形象可能会多次出现的情况，我们可以将这个故事拆分一下，像话剧一样分为几幕，使用类似于漫画的形式分开展现：

● 你是一个天才画家

很多人面对绘图记忆时会有一些疑虑，内心总是觉得："我没有画画基础，画不好怎么办？"或者是"我不会画画，绘图对我来说太难了。"

首先，就像摩西奶奶所说的那样，不管幸与不幸，都不要为自己的人生设限，以免阻挡了生命的阳光。我们常常会习惯性地低估自己的力量，也许是因为没有太多画画的经历，因此对画画这件未知的事情充满了恐惧；也许是因为曾经的画作没有得到想要的肯定，因此总觉得自己做不好这个。但很多时候，不是事情太难，而是我们把它想得太复杂。无论过去经历过什么让你不敢下笔，当下都是一个重新开始画画的最好机会。你远比你想象的更优秀。不懂的人觉得这句话是鸡汤，经历过的人才明白，这就是事情的真相。

其次，绘图记忆是一种记忆方法，绘图只是展现我们脑中画面的一种形式。绘图记忆并不要求我们必须将这幅图画得多漂亮，其实，只要画出最基本的图形和线条就可以满足需求。可以说，会握笔写字就一定可以画图。

归根结底，我们学习的还是将文字转化为图像，将多重信息组合成多幅图像的方法，画图只是对我们的"心灵之眼"的补充。最精美的图像永远隐藏在脑海里，述诸笔端的只是图像的核心特征，以辅助我们的想象。可以说，在绘图记忆的应用中，绘制得足够漂亮是次要的，能帮助我们将信息有效地记忆下来才是最重要的。

第六节　图文结合的思维形象化工具——思维导图

前文介绍了如何初步消化处理信息并进一步图像化，而后根据信息的特点运用不同的方法记忆。但在很多时候，我们需要记忆的内容并不是清晰地罗列在眼前，而是隐藏在长长的文章或繁杂的网络中。那么，如何在纷乱的信息中找寻和提取对我们有用的内容呢？我们需要一个既能梳理逻辑脉络，又能帮助有效记忆目标信息的工具——思维导图。

思维导图（mind mapping），又名脑图、心智地图等，是简单且高效的图形思维工具。思维导图可以用于组织信息，按照层级结构梳理信息，从而展现碎片信息之间的关系。它通常从一个单一概念（以图像的形式绘制在纸张的中心，称为中心概念图）开始，以放射状向外延伸。最主要的几个关键词或想法构成主分支，与中心概念图直接相连，而后从每一个主分支中继续延伸出新的分支。在延伸的过程中，每个分支上连接着所有以图片或文字的方式展现的关键词、想法和任务等信息。

> **tips**
>
> ### 思维导图的诞生
>
> 通过绘制"地图",使用放射状的分支来描述概念,这样的方法最早可以追溯到公元3世纪,哲学家波菲利(Porphyry)使用波菲利之树(Porphyrian tree)来展示他所认为的万物之间的等级。后来,哲学家柯日布斯基提出了普通语义学,而东尼·博赞先生正是受到这一学说中的"外延法"的启发,在20世纪70年代进一步发展创造了思维导图工具。思维导图创新性地引入了"关键词色彩化和图像化"以及"辐射形树状结构"等概念,很有助于表达发散性思维和帮助记忆。
>
> 东尼·博赞先生是世界著名的教育学家。他因发明思维导图这一简单高效的思维工具而被誉为"大脑先生",又因曾帮助英国查尔斯三世国王提升记忆力而被誉为英国"记忆之父"。

● 如何绘制思维导图?

思维导图是将思维形象化、视觉化的工具,因此,思维导图既重视视觉效果的外在表达,又强调思维结构的内在逻辑。高效的工具往往有着最为便捷的使用方法,思维导图的绘制过程也是十分简单易学的。你可以选择任何一个想法或主题,开始思维导图的创作。

(一)绘制中心图

思维导图的绘制从一张白纸的中心开始。首先,为你的主题或关键词创作一副中心图。它可以是一个具体的物品，一个场景，或是任何你觉得可以表达主题的图像。如果是比较抽象的关键词，可以参考使用第三章第一节中介绍的抽象词语转化的工具。中心图在形式上没有限制，只要在你看到它的时候，可以很容易地明白你想表达的主题即可。

比如，以第三章"超级记忆术的基础工具"这一主题为例，我选择用一个大脑代表记忆，用一套三角尺代表基础工具。在设计好中心图的内容后，将纸张横放，从纸张的中心开始绘制。通常来讲，中心图的大小不超过整张图的1/9。

（二）绘制主分支

主分支一端连接中心图，另一端向四周放射。在开始绘制主分支之前，可以先构思并写下每个主分支上的关键词，根据主分支的数量进行布局。通常来讲，第一条主分支从中心图的右上方伸出，其余的主分支按顺时针方向依次排列。思考好之后，就可以开始绘制。让主分支的起始端与中心图直接相连，形状从粗到细，好像思维从中心图延伸出来。在绘制的时候，尽量让线条保持柔和，长度稍长于文字所需的空间即可，让思维像水一样流动出去。

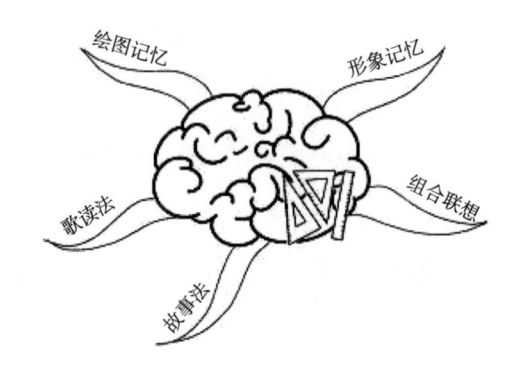

[图：大脑中心发散出分支——绘图记忆、形象记忆、组合联想、故事法、歌诀法]

（三）添加下级分支

主分支从中心图开始，那么下一级的分支就从主分支的末端开始，连接着主分支和再下一级的支干，形状细长。线条向左右两个方向发散，但文字的书写都是从左向右。每一级支干的线条末端尽量保持水平，以承载相应的文字信息。在一张思维导图中，思维可以顺着分支的延伸而无穷无尽地发散。我们可以创造无限数量的下级分支，只要保持和中心主题的逻辑关系即可。

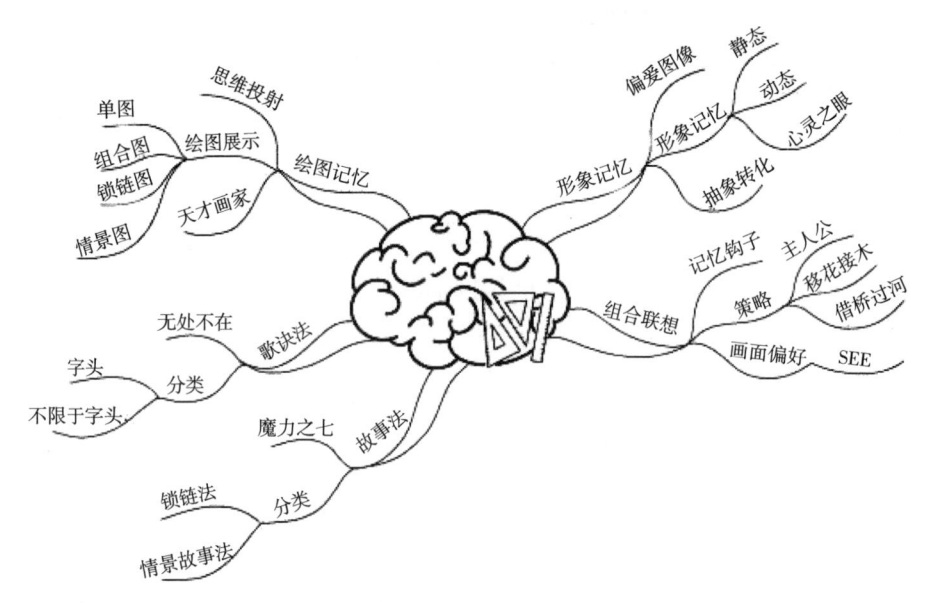

[图：完整的思维导图，中心为大脑，各分支展开如下]

- 绘图记忆
  - 思维投射
  - 绘图展示：单图、组合图、锁链图、情景图
  - 天才画家
- 形象记忆
  - 偏爱图像：静态、动态
  - 心灵之眼
  - 抽象转化
- 组合联想
  - 记忆钩子
  - 主人公
  - 策略：移花接木、借桥过河
  - 画面偏好
  - SEE
- 故事法
  - 魔力之七
  - 分类：锁链法、情景故事法
- 歌诀法
  - 无处不在
  - 分类：字头、不限于字头

完成以上三步，一张基础版的全文字型思维导图就绘制好了。内容清晰，含义准确，绘制起来也不用花费很长的时间，就可以对一个长篇章节从

总体的视角进行理解。

● 思维导图让你的记忆更高效

思维导图有着极为广泛的应用，从读书笔记到写作，再到方案策划、决策分析等。根据最终目标的不同，绘制中有着不同的技巧。对思维导图感兴趣的伙伴可以阅读相关书籍（如东尼·博赞的《思维导图完整手册》和王玉印的《思维导图工作法》）。本章节主要介绍用于长篇文章理解分析的记忆型思维导图。

上图已经对第三章节进行了整理，但看上去仍显单一，让人有种思维导图好像也没什么稀奇的感觉。那么，如何绘制一张最有助于记忆的思维导图呢？相比已经很习惯使用的传统笔记模式，我们为什么要选择思维导图呢？

（一）让你的导图色彩鲜明

上面的思维导图，虽然内容详尽，逻辑清晰，却色调单一，看的时间久了难免感到枯燥乏味。因为在长时间关注同一种颜色后，大脑就会变得疲惫和无聊，最终的结果就是大脑会逐渐忽略眼前同一色彩的一些信息，慢慢转向沉睡。

颜色本身就会影响人类的情绪感知。比如，一望无际的绿色草原给人生机勃勃的感觉，而平静宽广的蓝色大海则让人心绪沉静。我们看到不同的颜色会有不同的感受，而在绘制思维导图的过程中，对色彩的恰当使用，可以给予大脑更深层的刺激。

中心图是一幅思维导图的主题，也是分支的源头，推荐使用3种以上的颜色组合，让中心图更为显眼。每一个主分支及其下级分支使用一种颜色，而具体选用哪种颜色，我们可以听从自己内心的感觉，根据主分支的内容进行联想。比如，在绘制一条和海洋有关的分支时，可能会想到使用蓝色，因为在我们的认知中，蓝色可以代表海洋。颜色的使用没有绝对的规则，通常同一主干和下级支干使用相同的颜色，相邻主分支的颜色最好存在反差，不要选择相近的颜色，以助于大脑识别每一组信息模块。

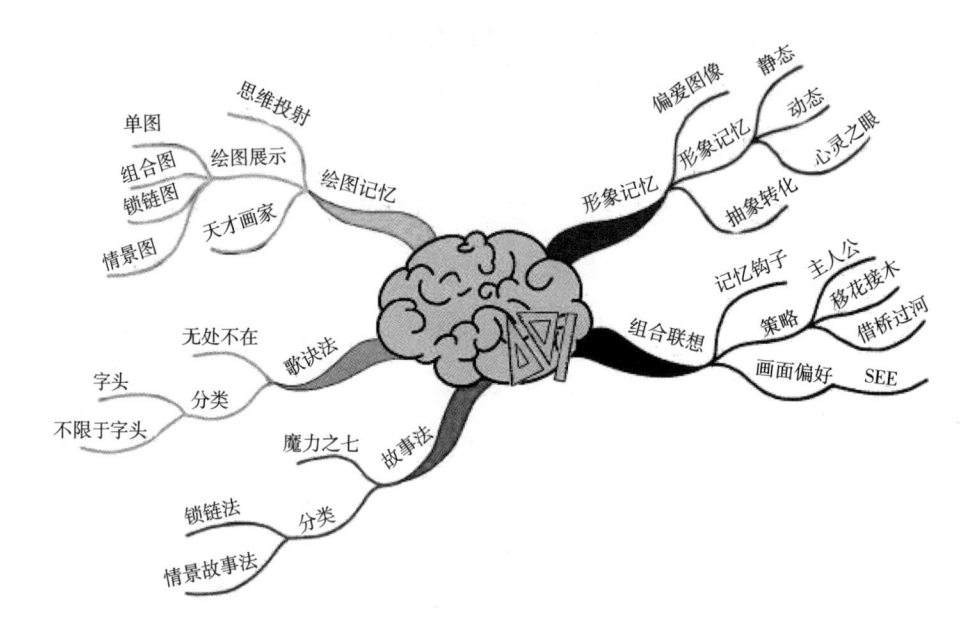

单图
组合图　绘图展示　思维投射
锁链图　　　　　绘图记忆
情景图　天才画家

偏爱图像　静态
　　　　　动态
形象记忆　　　心灵之眼
形象记忆
抽象转化

记忆钩子　主人公
　　　　移花接木
组合联想　策略
　　　　借桥过河
画面偏好　SEE

无处不在　歌诀法
字头　　分类
不限于字头

魔力之七　故事法
锁链法　分类
情景故事法

（二）插图让信息图像化

在前文中，我们一直在强调，"图像化"在记忆法中很重要。除前文提到的图像相比文字更为生动形象，便于大脑记忆外，在面对较为新鲜的信息时，转化为图像的过程也能加深我们的理解。

因此，在绘制思维导图的过程中，除中心图外，可以在文字旁适当加上一些插图。这不是为了美观或者因为形象信息刚好容易绘制，插图也并非越多越好，相反，要重点关注内容中难以理解的部分。它们可能是对一段信息的情景补充，也可能是抽象词到形象词的转化，或者是你对某部分信息的思考总结。总之，插图是用来突出重点和难点的。在与文字相邻之处绘制图像，这能帮助我们加深理解和记忆。

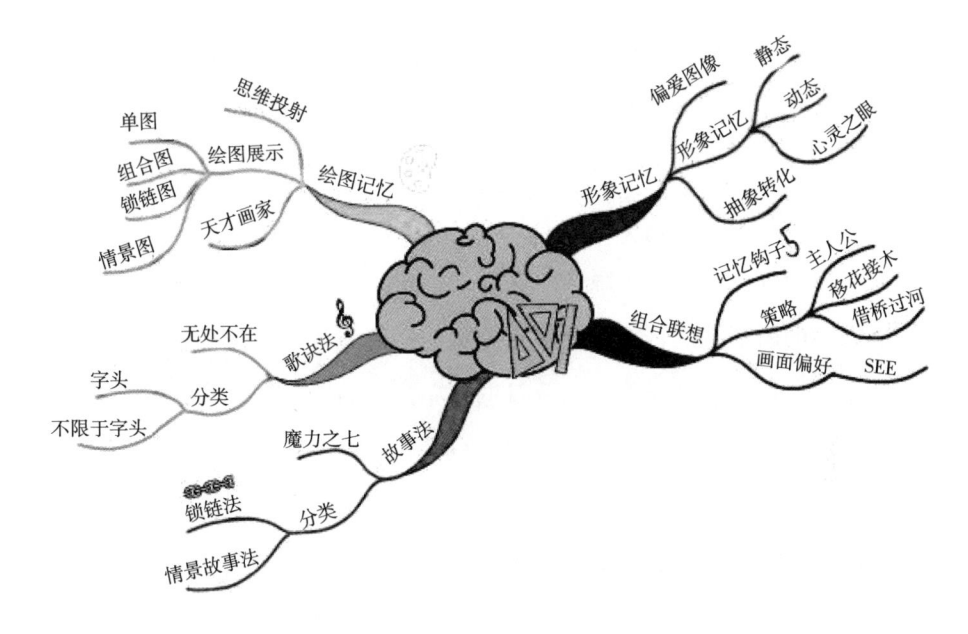

（三）在关键词之间建立联系

在绘制思维导图的时候，有一个非常重要的"one word"法则，即在一个线条分支上只能填写一个词，而不是长长的句子。这个法则促使我们用最精练的语言概括出一段文字中最重要的核心内容，如此，复杂的信息就被简化了。

当关键词都被提炼出来放在纸上之后，大脑就可以在不同的关键词之间建立联系。虽然我们从创建主分支开始就对一些信息进行了分类，但信息网络间的联系可以更为直接和自由。不同分支下的关键词，可能也有着内在的联系，因此，我们可以根据自己的思考，试着在思维导图的关键词之间添加一些线条，帮助我们强化记忆。

相比思维导图放射状的思维，传统笔记沿着同一条思维"线性"思考，而这会限制大脑对已有的信息和新信息建立联系，让大脑在一定程度上缺少创造性。

如此看来，记忆一篇长文是不是很容易了呢？

先明确文章主题，确定中心图，然后分析文章的结构，设计出主分支的数量和内容，再由此延伸出下级支干。在完成内容整理分析后，创作一些有趣且色彩鲜明的插图。同时，对重点信息进行一些归纳创作，运用记忆法高效记忆。比如，运用字头歌诀法将一组并列信息转化为一个图像，对要记忆的信息进行二次提炼。

记忆型思维导图的一个极为巧妙之处在于，绘制过程本身就很好地综合利用了大脑的诸多功能，如对图形和色彩的感知、对节奏的偏好、多维思考和空间意识、想象联结能力，以及对思考完整性的偏好等。因此，思维导图可以更好地帮助我们开发心智潜力，提升创造力。

● 选择适合自己的思维导图工具包

工欲善其事，必先利其器。我们绘制思维导图，也需要准备一套称手的工具。对于手绘一幅思维导图来说，我们需要的东西很简单，一张白纸、一支黑色水笔、一套彩笔即可。绘制完成后的思维导图可以装订成册，或是扫描后保存在电子设备中。

除了手绘的方式，你或许也见过一些由软件生成的思维导图，看起来也很清晰。由此，我们面临着一个问题：手绘思维导图和使用软件做电子版思维导图，该如何选择？

如今，计算机、手机和平板等电子设备上都已经有了很多绘制思维导图的软件，这些软件各有特点，使用起来也很方便。软件绘制出来的导图，有的脉络清晰，文字整洁；有的色彩鲜明，线条柔和。比起手绘的纸质版思维导图，电子版思维导图最大的优势在于，便于修改和转换。

这里提到的对思维导图的修改，不只是修改写错的几个字，更多的是指对整幅思维导图布局的修改。比如，前文中提到的导图已经画好了五个主分支，如果此时想再加一条主分支，就会遇上困难，因为现有的五个主分支已经以一个很恰当的布局分布在整张纸上了。新的主干无处添加,只能重新绘制,要花费额外的时间和精力。而电子版思维导图则可以轻易做到这点。在软件中选择添加主分支后,程序会自动调整其他分支的位置,给新加入的主干留出一部分空间,添加完成后,整张思维导图的布局依然匀称完美。

除了便于修改,很多电子思维导图软件还同时提供不同模式图形的转换功能。思维导图是作者对于特定主题内容的整理分析,过程中往往包含很多属于作者自己的想法,但如果需要给其他人阅读,思维导图可能并不是一个适合所有人物和场合的展示方式,而很多软件可以一键将大纲内容导出为文本,或者其他形式的思维结构图,根据不同的目的,便于后续做其他的处理。

那么,手绘思维导图有什么特别的好处呢?

首先,如果是思维导图的新手,更推荐使用手绘的方式。虽然比起电子制作,手绘导图看起来需要花费更长的时间,但由作者自己构图设计,绘制象征着思维流动的线条等元素的过程本身,是对发散型大脑思维的最好练习。毕竟,思维导图只是一种表达形式,背后隐藏的思维逻辑更为重要。同时,相比软件对思维导图的统一输出模式,手绘导图也更加灵活自由,带有更鲜明的个人色彩。

因此,选择手绘还是电子制作,还是取决于作者想要达成的最后目的。如果是临时性的整理思路,或是不方便使用电子设备的场合,随手在纸上画一下就能满足需求。相对地,如果是学习笔记、方案策划等,需要反复修改、长期使用,更建议用计算机来制作。

第四章
无限可能的定桩法

在上一章中，我们介绍了组合联想法，将两个看似无关的事物联系起来，这样一来，在提到其中一件后，就可以立刻联想到另一个。就好像在日常生活中，快递员为每一个包裹贴上带有收件人名字和手机号的标签，包裹和标签一一对应。收件人报出自己的信息后，不必拆开封得严严实实的外包装，也可以正确地找到属于自己的东西。

可是现今网购发达，一个小小的物流驿站可能每天要出入上千件包裹，一个邮寄平台在不同时间会送来不同收货人的货物，而一个收货人也会有来自不同平台的物品，有着不同的收货时间偏好，即使每件快递上收货人的信息清晰，将如此多的快递一件一件全部精准送到，仍要耗费大量的物品整理时间。

对此，聪慧的驿站管理员们想到的办法是，对入库的包裹进行二次分类统计。比如，根据收货人更为详尽的地址，整理到带有不同编号的货架上，缩小存取快递时的搜寻范围，大幅提高了物流效率。

第一章中关于记忆的提取部分我们提到，提示性信息比自由式回忆有着更高效的检索效率。当我们面对的信息繁多时，仅仅两两配对已然无法满足记忆需求，或者在没有提及配对中的一个事物时，无法牵出对应的另一个，从而可能将这组配对整体上遗忘了。而解决这一问题的关键，就在于将我们已经做好配对的每一组信息，有组织、有顺序地排列整理起来，为每一组信息留下一个"提示"，确保任何一组不被遗漏。

在这里，我们将引入一个名为"桩子"的概念。

现实生活中，在港口码头的甲板上，有很多金属铸造的缆桩，当船只靠岸时，船上的水手会把一根末端连接着重物的绳子甩到岸上，然后，将粗重的缆绳套在附近的缆桩上，调节长度后将缆绳慢慢绷紧。这些缆桩排列整齐，有着自己的排列规律，而通过寻找缆桩的位置，也就找到了对应的船只。

在记忆术中，"桩子"也同样有这些特点。它们有确定的数量和已知的排列顺序，同时，它们往往还是你已经很熟悉的东西。接下来就可以将每一个我们要记忆的信息，与已经准备好的桩子进行联结。将信息牢牢记住的同时，按照桩子自有的顺序编号，一排一排地依次回忆，就可以清晰地回想出记下的全部信息，而不会有所遗漏了。

那么，怎样挑选适合作为"桩子"的东西，来应对生活中随时可能遇到的需要记忆的东西呢？根据不同的特点，我给出了以下几种"桩子"类型。

第一节　数字定桩法

数字是一种最常用，我们最熟悉的桩子，同时也是最整齐、最有规律的。上幼儿园的小朋友们要学习的第一节课，大约就是数数了，因此数字也是最不容易有所遗漏的"桩子"。

那么，如何将普普通通的阿拉伯数字转化为一个个可以用来记忆信息的"桩子"呢？

这里，我们要借助一套"数字编码"系统。

● 数字编码

（一）编码库的建立

数字编码的建立是为了在抽象的数字和具体的形象之间搭建一个快速转化的桥梁，因此，我们可以先对每个数字建立一个对应的、适合自己思维的形象，而后将这种联想固定下来，每次见到数字即可快速转化。

听起来有点复杂是不是？

没关系，其实这样的联想我们早在幼儿园时期就应用过。在我们初识阿拉伯数字的时候，老师们会教给小朋友们一首《数字歌》：

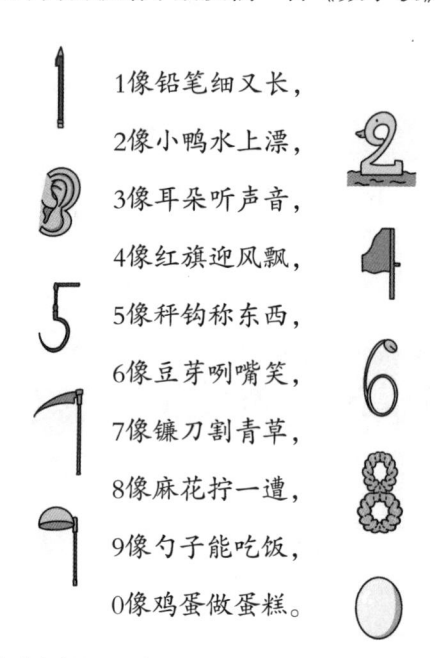

1像铅笔细又长，
2像小鸭水上漂，
3像耳朵听声音，
4像红旗迎风飘，
5像秤钩称东西，
6像豆芽咧嘴笑，
7像镰刀割青草，
8像麻花拧一遭，
9像勺子能吃饭，
0像鸡蛋做蛋糕。

你看，这首耳熟能详的儿歌，就是在将数字依据形状联想成一个具体的形象，帮助孩子们学写数字。相应地，我们也可以用这样的联想方式，建立一套00~99的数字编码库。除了形状的联想，这里也可以调用前文介绍的其他抽象转化为形象的方法，为每一个数字找到一个最适合的编码。

下面给出的是目前最经典、应用人数最多的编码系统，建议初学者先试着接受这套编码，体验一下它的转化方式。

01	小树	21	鳄鱼	41	司仪	61	儿童	81	军人
02	铃儿	22	双胞胎	42	柿儿	62	牛儿	82	靶儿
03	三脚凳	23	耳返	43	死神	63	流沙	83	芭蕉扇
04	零食	24	手表	44	蛇	64	螺丝	84	巴士
05	手套	25	二胡	45	师傅	65	柳屋	85	宝物
06	左轮手枪	26	河流	46	饲料	66	蝌蚪	86	白鹭
07	锄头	27	耳机	47	司机	67	油漆	87	白棋
08	眼镜	28	恶霸	48	石板	68	喇叭	88	爸爸
09	猫	29	饿囚	49	湿狗	69	料酒	89	芭蕉
10	棒球	30	三轮车	50	五环	70	冰激凌	90	酒瓶
11	梯子	31	鲨鱼	51	工人	71	机翼	91	球衣
12	椅儿	32	扇儿	52	鼓儿	72	企鹅	92	球儿
13	医生	33	闪闪的星星	53	乌纱帽	73	花旗参	93	旧伞
14	钥匙	34	三条丝巾	54	青年	74	骑士	94	旧饰
15	鹦鹉	35	山虎	55	火车	75	西服	95	救护车
16	石榴	36	山鹿	56	蜗牛	76	汽油	96	旧炉
17	仪器	37	山鸡	57	武器	77	机器人	97	旧旗
18	腰包	38	妇女	58	尾巴	78	青蛙	98	酒吧
19	衣钩	39	山丘	59	蜈蚣	79	气球	99	艾灸
20	耳饰	40	司令	60	榴梿	80	巴黎	00	望远镜

看到这些编码，请你猜想一下数字与对应的编码之间的联结方式。

从00到99，一共有100个数字，其实只采用了几种抽象转化形象的编码方式，我们一起来分别看一下：

形状：数字本身是有形状的符号，前文的数字歌也主要是从形状角度进行联想。在编码库中，也有一些编码是用到了这样的联想方式。比如，00望远镜，00是由两个圆组成，很像望远镜的两个镜头；08眼镜，8这个数字横过来看很像眼镜镜框的形状；50五环，50拆分成5个0，就像五环是由五个圆组成的；10棒球，将形状细长的1想象为棒球棍，将0想象为圆形的棒球等。

谐音：谐音是编码库中应用最多的联想方式，数字的汉语读音是单音节，因此两位数的读音很容易通过谐音的形式转化为其他的词。那么，谐音转化出的这个具体形象的词，就可以作为这个数字的编码。比如，02铃儿，04零食，15鹦鹉等。

拟声：拟声是通过数字的读音进行联想。比如，55火车，55的读音听起来很像是火车鸣笛声"呜呜"；44蛇，蛇会发出"嘶嘶"的声音，和44读音相像，以此类推。

含义联想：在生活中，某些数字有特别的意义，我们看到这些数字很容易联想到一些东西。比如，6月1日是儿童节，那么这里就选择一个孩子的形象作为61的编码；左轮手枪可以装6发子弹，因此为06这个数字选择了手枪的形象。

读到这里，你可能会发现，虽然编码库中的编码有相应的转化逻辑，但并不是每一个转化方式都看起来很自然、很顺理成章。这是很常见的疑问，事实上，由于每个人自身的经历不同，对很多数字的理解或者联想，也有着不同的答案。对于这个问题，在练习的初期，还是希望你们尽可能地接受这组经典编码，而后在练习和使用的过程中，根据自己的生活经历，以及编码的使用感受，可以在这个编码库的基础上，对部分编码进行修改，完成一套最适合自己思维的独一无二的编码转化系统。

> **tips**
>
> **什么时候更换编码？**
>
> 当我们对目前在用的编码进行一段时间的应用练习后，如果有难以熟悉起来，每次遇到它都要较长的时间回忆，或是联想的时候感觉不适用的编码，都可以进行更换。但要注意的是，任何编码图像从设定到应用，都需要一个熟悉的过程，因此每次更换新的编码后，一定要留出一段时间来适应和练习，再来判断是否适合，避免仅仅因为不够熟悉才需要更多时间回想。

（二）找到属于自己的编码形象

在完成了"建立属于自己的编码库"之后，如何更好地使用数字编码呢？

答案同样是：打开心灵之眼。

上文给出的编码库中，每个数字对应的编码都是用文字的形式进行描述的，而我们一直在反复提到，图像才是记忆的关键。编码系统已经帮助我们将无规律数字转化成了具体形象的东西，但同样的东西也有着很多不同的种类。那么，每个编码对应的图像，在我们的脑海中到底长什么样子，则是由我们自己选择的。

比如，01的编码是小树。说起树，相信我们都不陌生。在不同的场景中，我们可能看到不同类型的树，家门口的杨树，路边的香樟树，河边的柳树，或者美术书上的简笔画小树。在我们的脑海中，有如此多种的不同树的画面，我们要做的，就是从中挑选出一颗最合适的，作为数字01的固定编码。

那么，什么样的树才是最合适的呢？

答案藏在数字编码的最终应用上。数字编码作为代表数字的形象，可能会和很多不同的内容形象发生联结，而这个形象一定是鲜活而生动的。可以看一下现有的备选图，设想一下如果要图上的小树发出主动动作，哪些树会让自己感觉更容易联想。我们选择数字编码，最终的目的还是用来记忆，如果我们希望心灵之眼可以展现出这棵树非常清晰的画面，我们需要选择一棵相对熟悉的树，熟悉它枝叶的形状，熟悉树干的纹理，能够很好地想象出这棵树在我们眼前出现的样子。

数字的转化模式和对应图像的选择，二者是构建数字编码系统的关键，但两项内容并没有进行的先后顺序，可以在思考如何转化时，就选定具体的图像。如此，在确定了00~99每个数字的编码图后，我们的数字编码就打造完成啦。

（三）数字编码有大用处

在本章中，我们为介绍数字定桩法而引入了数字编码。其实，数字编码有着更为广阔的应用，因为编码系统实现了将抽象数字转化为具体图像。可以说，在任何需要记忆数字的情况下，都可以将编码系统调用起来。比如，记忆一个电话号码：68251695。

这个电话号码包含8个数字，运用数字编码，我们可以很容易地将它们转化为4个图像：68喇叭，25二胡，16石榴，95救护车。那么接下来，只要在上一章介绍的诸多记忆工具中选择一种，就可以很容易地将它们记下来了。

比如，使用锁链法：喇叭砸断二胡的琴弦，二胡的琴弓划开了石榴，石榴的籽像雨滴一样落在救护车上。分别想象这三个画面，然后尝试回忆还原出来，就可以将这组数字记住了。

这个电话号码是单纯的数字信息，在生活中，我们大多数情况遇到的记忆素材是综合性的，可能包含数字、文字，甚至图像信息。但在任何时候，只要记忆数字，就可以对数字编码进行转化，再将转化后的图像和其他内容进行联结。

● 数字定桩

在我们熟悉了数字编码之后，数字就可以作为一组组排列整齐的"桩子"，帮助我们将已经图像化的信息，整齐地拴在桩子上。一方面，在需要的时候，可以按照顺序依次回忆，不会遗漏；另一方面，如果需要单独提取哪一个，可以快速找到对应的信息。

我们要做的最后一步，就是在数字桩和要记忆的信息之间建立联结，在它们之间建立交互。那么，这样的数字定桩法具体要怎么应用呢？我们来看下面这个例子：

化学元素周期表

这是一张化学元素周期表，是由俄国化学家门捷列夫总结发表的。在这张表中，化学元素依据原子核的核电荷数从小至大排列。同周期（同行）或同族（同列）的元素特性有着一定的规律。因此，元素周期表是化学初学者一定要学习和记忆的知识。

那么，我们如何来记忆呢？

我们先来分析一下。可以看到，在这张表中，每个格子一个元素，格子上有几个关键信息，分别为原子序数、元素符号、元素名称，以及相对原子质量。在这几个信息点中，元素符号和元素名称是一一对应的，需要准确记忆；考试时，题目中一般会提供相对原子质量，因此这不是必须记忆的内容，但如果记熟了可能会提高相关题目的解题速度；原子序数代表了元素的顺序。很多人会推荐使用歌诀的方式，五个字一句编成一段歌诀，很方便地记忆元素的原子序数，但如果能直接对应记住每个元素的原子序数，在进行深入学习时可以更好、更迅速地提取出相关信息。

分析到这里，答案是不是显而易见了？

元素符号和元素名称存在对应关系，适合使用组合联想的方式。如果想把相对原子质量也加上，可以考虑锁链故事法，而且要注意将每个元素的不同类型信息的记忆顺序固定下来，避免混淆。元素原子序数这部分，就很适合数字定桩法。将元素的其他信息整理之后，和序数对应的数字编码进行联结就可以了。

比如，8号元素，O，氧，相对原子质量16。

这里，我们首先对信息进行基本的形象化处理。从形状上联想，由O可以想到一个圆圈手环；从应用上联想，可以用氧气瓶代表"氧"；相对原子质量16，使用数字编码转化为石榴。接下来，我们尝试一下使用锁链法，连接顺序为元素符号、元素名称和相对原子质量，那么这条锁链可以想象为：一个手环套在氧气瓶上，拉动了开关，氧气瓶就像喷壶一样将氧气喷洒在石榴上。

接下来就是和原子序数进行联结，也就是数字定桩。我们可以在要记忆的信息中选择一个具有代表性的形象，和数字桩进行联结。

比如，数字8对应的编码是眼镜，那这里可以让8的数字编码，和锁链故事开头的第一个形象O进行联结：从眼镜上取下一个圆圈镜框，套在氧气瓶上，拉动了开关，氧气喷到石榴上。

编完这个故事后，我们就将一个元素的相关信息和原子序数联结在了一起。这样，当我们点到任意一个序号，就可以直接提取对应的元素，或者看到一个元素名称，就直接回忆起它的序数，也可以按照数字的顺序，一个一个地回忆记下的每一个元素了。

读到这里，有的人可能会觉得，这是不是把简单的问题复杂化了？我不用这么联想，也能很好地记住"氧"相关的信息呀？

第一章中介绍记忆的产生过程时提到，对于已知的、可以理解的信息，是不必运用记忆方法的，记忆法更适用于常规意义上来讲，没有规律、很难直接记忆的内容。我们刚才举的例子，是生活中比较常见的元素"氧"，因而比较好记忆。事实上，元素周期表中的大部分元素，无论是名称还是符号，对没有进行过专业学习的人来说都是比较陌生的。同时，由于相似性比较高，互相之间很容易混淆。而记忆法运用独特的转化和联结方式，可以很有效地解决信息难以联结组合、容易混淆这些问题，这也正是记忆法的魅力所在。

在元素的相关信息中，元素符号由字母组成，而字母是各种可能需要记忆的信息中最常见的内容之一，而且数量只有26个，因此很适合为英文字母打造一套类似数字编码这种形式的字母编码库。具体内容在后面"英文单词的记忆"一章中会有详细讲解。

● 小游戏：摩斯密码

在生活中，我们可能会遇到各种各样、千奇百怪的记忆素材，看起来并没有包含在我们学到的记忆方法中。其实，没有任何一套方法能完整地概括所有可能出现的素材，但也没有什么素材不能被一套记忆方法解决，关键在于如何分解和处理这些内容，如何将几大基础记忆方法融会贯通地使用起来。

下面我们就来看一种比较少见的信息类型：摩斯密码。

摩斯密码是一套全世界通用，最出名也最重要的密码，由美国人摩尔斯发明，后来经过不断演变和修改，在1865年被国际电报大会标准化，统一定名为国际摩尔斯电码。这套密码中只有"●"和"━"，通过不同的组合形式，可以编译成26个英文字母和0~9的10个数字。

在早期的无线电通信中，摩斯密码有着非常重要的作用。随着科技的发展，通信技术不断进步，加密方式也正更新迭代，摩斯密码也就逐渐停止了使用。不过，如果我们想和别人在现实世界进行一些秘密信息的交流，这套兼具着技术性和艺术性的密码，是很实用也很有趣的。

想要使用摩斯密码，首先要牢记每个字母和数字对应的密码的排列方式：

字符	电码符号	字符	电码符号	字符	电码符号
A	●━	N	━●	1	●━━━━
B	━●●●	O	━━━	2	●●━━━
C	━●━●	P	●━━●	3	●●●━━
D	━●●	Q	━━●━	4	●●●●━
E	●	R	●━●	5	●●●●●
F	●●━●	S	●●●	6	━●●●●
G	━━●	T	━	7	━━●●●
H	●●●●	U	●●━	8	━━━●●
I	●●	V	●●●━	9	━━━━●
J	●━━━	W	●━━	0	━━━━━
K	━●━	X	━●●━		
L	●━●●	Y	━●━━		
M	━━	Z	━━●●		

那么，面对仅仅由两个字符组成的摩斯密码，我们可以怎样来记忆呢？

以26个字母为例，我们先来观察一下这些字符组合。摩斯密码中只有

"●"和"━"两种字符，看起来很抽象，我们可以选择用数字来分别代表它们。比如，用0代表"●"，用1代表"━"，那么字母A就是"01"，而数字01根据数字编码库可以很容易地转化为一个"小树"的图像。字母A则需要我们为它选择一个形象，如"apple苹果"。接下来要做的，就是对"小树"和"苹果"这两个形象进行一个组合联想。比如，小树上长满了苹果。在回忆的时候，将我们想象的形象还原成"A"和"●━"，就可以记住字母A对应的摩斯密码了。

细心的小伙伴可能发现，英文字母对应的字符数量是各不相同的，如果对应的字符数量较多，有些地方要多注意一下。比如，字母B对应了4个字符，转化为4个数字"1000"，通过编码也就对应了两个图像，"棒球"和"望远镜"。这时，我们可以先让两个图像进行组合，再与字母B对应的图像进行联结，或者可以使用锁链法，从字母B的图像到"棒球"，再到"望远镜"。总之，既要将信息联结在一起，又要通过图像确认数字的顺序。选择哪种记忆方法，就看自己的想法了。

此外，还有一些字母对应了3个字符。比如，字母D对应"━●●"，转化为"100"。3个数字无法直接用数字编码进行转化，这时要怎么办呢？

解决的方法有很多，比如，既然在摩斯密码中只有"●"和"━"两种字符，那么我们可以为落单出现的"0"和"1"单独挑选一个形象，只要不和其他可能用到的形象重合即可。比如，在后面加一个2，选择"02铃儿"来代表落单的"0"，那么字母D对应的编码就是"1002"，"棒球"和"铃儿"。接下来和前面用同样的模式记忆就可以了。

如此，记住密码的排列方式后，就可以进行消息的传递了。将我们想表达的信息，用"●"和"━"的形式写在纸上。接收者拿到纸条后，将对应的密码翻译回字母即可。

如果希望使用更隐秘的方式传递摩斯密码，可以用手敲桌子。信息传递的核心就是区分"●"和"—"两种信号。比如，可以选择用指甲敲击桌面，发出相对尖锐的声音代表"●"，用指腹敲击桌面，发出沉闷一些的声音代表"—"。接收者只要听到声音就可以获得信息。或者，可以使用食指和中指，分别代表"●"和"—"，但需要让接收者看到敲击的过程。

这是一个很有趣的小游戏，无论是传递信息的人，还是接收信息的人，都需要先通过练习来熟悉摩斯密码。传递的过程也很考验两人的配合，如果能将消息顺利传递，那就说明这两个人记忆能力很棒，而且默契十足！

第二节　古罗马的智慧
——记忆宫殿法

● 神秘的记忆宫殿

在古代欧洲，人们经常要为一些社会事件背诵诗歌或者准备政治演说，这就需要一种有效的记忆方法来帮助人们强化记忆，确保能将相关内容完整无误地背下来。

相传，有一位希腊诗人西摩尼得斯，应邀前往一位名叫斯科帕斯的富人家中参加宴会。这位富人也委托西摩尼得斯以他的名字为主人公写一首诗，在宴会上朗诵出来以活跃气氛。但是，在听西摩尼得斯朗诵完整首诗后，斯科帕斯却很不高兴，他抱怨道，西摩尼得斯诗中提到双子神狄俄斯库里的次数，比主人公斯科帕斯还多。

斯科帕斯一边抱怨着，一边只给了西摩尼得斯预先承诺价钱的一半，让他自己去找一直提到的狄俄斯库里要剩下的一半钱，西摩尼得斯只好离开了斯科帕斯的家。

谁料在西摩尼得斯离开后，这里发生了地震，斯科帕斯的房子被毁了，来参加宴会的宾客也全都死在了里面。在清理废墟的过程中，西摩尼得斯被叫去辨认死者的身份。尽管死者的面部已经被严重毁坏，西摩尼得斯依然分辨出了每一个人，因为，他能清晰地记得在宴会上每个人所坐的位置。

关于大脑记忆的诞生、存在以及用处，科学家们各有观点，没有统一的确定结论。但我们能真切地感受到，对于生活中经历过的重要事件，我们往往记忆犹新，而在记忆的内容中，"地点"是一个关键的元素。它可以是一个特定的空间，也可以是一个物体。它就像是无尽记忆信息中的北斗，在时间长河里，将我们的思绪准确定位到那个特定的"地点"。这个"地点"会给出在那里发生过的事件的一些信息，从而帮助我们完整回忆出那段特定的记忆。

而我们可以很好地利用这一点，使用一些自己比较熟悉的"地点"，用来承载我们想要记忆的信息。在回忆的时候，通过对"地点"的定位，找到我们曾经留下的记忆。

那么，我们具体要怎样把它应用起来呢？

我们先来体验一下身边比较熟悉的"地点"。现在，请你闭上眼睛，想象自己坐在床上，你能回忆出每天居住的卧室的样子吗？比如你的床有多宽，床边有没有床头柜。如果从右手边的床头柜开始，沿着一个方向依次回忆，你能回忆出你房间里的东西，如衣柜、桌子、椅子等摆放的位置吗？

虽然我们没有刻意地去记住自己房间内的陈设，但只要静下心来回忆一下，就会发现这些物品的摆放排列、相对位置等，我们都可以记起来，整个房间的样子好像全息投影一样存在于我们的脑海中。

记忆宫殿法也正是由此衍生而来的。它利用我们天然对空间和空间内物品分布的感知能力，将一些物品作为定位记忆的"地点"。首先，在脑海中想象一个房间，比如刚刚回忆的，我们最熟悉的卧室。其次，在卧室中选取一些物品，可以是体积比较大的衣柜，也可以是桌子上的一盏台灯。最后，将我们要记忆的信息转化为图像，一个一个与这些物品联结起来。在回忆的时候，同样想象自己回到这个房间，走到每一个物品前，看一看曾经放在这里的图像，就可以提取出当时联结在这里的记忆信息了。在记忆宫殿法的发展过程中，它也被称为"轨迹法""地点定桩法"或"古罗马房间法"等。

● 打造自己的记忆宫殿

接下来，我们就来看一下如何建立属于自己的记忆宫殿。

（一）挑选"地点"

首先，选择一个房间来建立自己的记忆宫殿。对于建立记忆宫殿的过程还不熟练，特别是第一次建立记忆宫殿的朋友，最好选择我们熟悉的地方，比如自己的家里、亲戚朋友的家里、每天上班的办公室、学校里上课的教室等。因为我们常去这些地方，相关的特征和细节已经在无形中留在了我们的大脑中，从这些地方挑选地点，我们只需要花一点点时间整理一下，就可以很好地将地点信息记下来。

选择好了房间，我们可以在其中转一转，四处看看摆设，寻找一些可以作为"地点"的东西。以下图为例，柜子、枕头、置物架等，都可以用来联结我们要记忆的图像信息。初始阶段，通常在一个房间内选择10个"地点"，当运用熟练了之后，可以增加到20个、30个。随着地点数量的增加，这一间记忆宫殿所能容纳的信息也将丰富起来。

在挑选好了地点后，我们可以站在房间中央，闭上双眼，打开"心灵之眼"，让这个房间的样子展现在脑海中。回忆每一个地点是什么，以及它的位置在哪里。

理论上来说，我们可以选择任何一个地方的房间作为记忆宫殿的备选，但在应用的时候，地点桩是帮助我们定位记忆的指示信息，因此需要我们尽可能精准地回忆出这个房间里的每一个"地点"。

为了在应用的时候更为得心应手，在最初选择地点时，我们可以尽量选择一些相对"独一无二"的物品。如果需要建立大量的记忆宫殿，从挑选房间开始，就可以试着挑选陈设装饰更为独特的房间。在房间内选择地点时，也尽可能关注每个地点的特征。

当我们建立了很多记忆宫殿后，可能会发现，生活中常见的东西也有限，挑选的地点总是重复，实在找不到独特的地方，这时候该怎么办呢？关于这个问题，有一个很简单的解决办法：为一样的东西，创造不一样的视角。

我们的地点桩是要用来和记忆的信息进行联结，因此可以在每个物品上找到一个更具体的"放东西"的地方。如果这个地方包含一部分水平面则效果更佳。因此，我们可以从这个"放东西"的地方入手，对于"地点"中相同或者有相似特征的物品，可以选择不同的"放东西"的位置或角度。比如，房间内有很相似的两张桌子，那么可以选择一张桌子的平面和墙面的连接处，以及另一张桌子的腿和地面的接触点，如此，就可以很好地区分开了。

tips

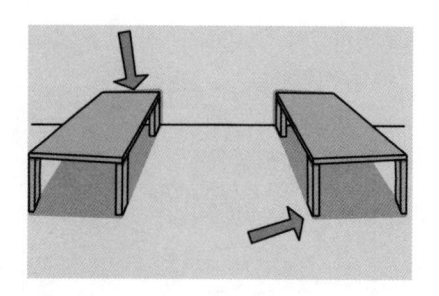

让房间带上"我"的色彩

挑选房间和地点，最好由自己一个人独立完成，因为无论是当下的选择过程还是未来的记忆应用，大多只发生在自己的脑海中，而独自行动可以让自己的思绪更为专注，找到最适合自己的地点。

在使用"心灵之眼"回顾整个房间景象的时候，可以按照自己的喜好进行一些调节。比如，喜欢阳光的朋友，可以想象窗外阳光照进来时屋内的样子，即使当下外面乌云密布，正在下雨；而如果是不喜欢阳光的朋友，即使外面艳阳高照，也可以给窗子加上一层厚厚的窗帘，将太阳光挡在外面。总而言之，让整个房间以自己内心最喜欢的样子留在大脑记忆里。可以说，我们的记忆宫殿来自这个房间，也高于这个房间。

（二）规划记忆的轨迹

选好作为地点的物品之后，可以为这些物品排出一个顺序。从一个地点开始，而后按某种顺序排列下去，顺时针或逆时针都可以。选择自己感觉更舒服的方向，从一个"地点"到下一个"地点"，将10个物品的轨迹连接成线。如此绘制出的轨迹，是地点的空间顺序，也是回忆信息的顺序。在记忆时，将记忆信息依次与地点联结；提取记忆时，根据地点的顺序回忆对应的信息。这条地点轨迹对于依次回忆或者定位信息有着很关键的作用。

那么我们如何在脑海中强化这个过程呢？

在挑选了"地点"之后，站在房间里，运用"心灵之眼"想象出整个房间的样子，然后按照顺序回忆出与十个地点相连接的轨迹。

从大脑的习惯以及最后记忆的效果看，对于可以挑选为地点的物品有着一定的要求：地点的大小要适中，太大或太小都不利于信息的联结；地点之间的连线要尽量避免大的转角，让视线在一个相对水平的范围内移动，避免视线忽然向上，如仰视天花板上的灯，或者忽然向下，如俯视地上的鞋子。但地点也不宜完全在一条直线上，整齐的排列很容易让中间的地点被遗漏。物品的高度差保持在一个范围内是比较好的。

因此，绘制连接地点的轨迹，也是对地点桩的二次检验与调整。根据已有的经验，进一步优化地点桩的选择，以达到最佳的记忆效果。

（三）记录留存

前面我们说到，地点桩是用来记忆新的信息的，是属于自己的记忆工具，因此地点本身要相对固定，不能经常修改或移动。但我们留在大脑中的地点却存在着被混淆的风险。

我们的地点桩最初是来自最熟悉的地方，如自己生活的房间、工作的办公区域等，而生活在这些区域中的人，可能会对其中的物品摆放位置进行调整，从而混淆我们的记忆。同时，我们会为一些东西寻找合适的观察角度，在脑海中对看到的作为"地点"的物品进行一些小调整，而这样的调整真的存在于现实世界，如果时间久了，可能相关的记忆会有所衰退。

另一方面，当我们的地点桩数量逐渐增加，可能很多的地点来自比较陌生的地方，甚至是只去过一次，不会再去第二次的地方，这样的情况下，同样存在衰退的问题。

那么，如何有效地管理这些记忆宫殿呢？

最好的办法就是将它们整理记录下来。在我们完成了地点桩的挑选和记忆轨迹的规划后，将每个地点桩记录下来，这样，无论时间过去多久，无论原来的地方如何变动，留在我们大脑中的记忆宫殿，是恒久不变的。

记录地点桩的方式有许多，例如，你可以将房间的位置、房间内地点桩的名字依次记录在本子上。这种方式的优点在于简洁清晰，复习的时候一目了然，但缺点在于文字对于细节的描述可能有限。如果两组地点桩中有名字相同但是样子不同的物品，可能会互相混淆。

比起文字，更推荐用拍照的方式记录。用照相机的镜头模拟我们的视角，在拍摄地点桩的同时，可以突出记录下我们希望和记忆信息联结的部分。在给每个地点桩拍摄一个特写后，再拍摄一段视频，从第一个地点桩开始，走到第二个地点，将镜头拉近，给一个特写，然后离开，继续下一个。如此模拟我们的思维在记忆轨迹中的移动过程，也记录下了地点之间的相对空间位置。

tips

管理记忆宫殿

如此大量的记忆宫殿，要怎么使用？

在世界记忆锦标赛上，有一个项目为随机数字，记忆时间1小时，世界纪录为3000多个。大多数选手会选择使用记忆宫殿法，因此，也就需要大量的记忆宫殿。

如果你刚刚开始建立属于自己的记忆宫殿，最好先集中使用一到两个记忆宫殿，反复练习使用它们，直到你对每个地点桩的细节很熟悉，可以很自如地运用这组地点桩，同时在使用完一个记忆宫殿后可以很轻松地转换第二个记忆宫殿进行记忆。达到以上两点以后，再开始建立新的记忆宫殿。

通常来讲，一个记忆宫殿内设有20~30个地点桩，不建议在一个记忆宫殿内建立过多地点，因为数量过多时，回忆的过程中难免出现混淆。固定每个记忆宫殿内地点桩的数量，让我们的大脑适应相应数量的记忆节奏，是最能提升准确率的方式，也便于管理我们积累的、越来越多的记忆宫殿。

● 地点定桩法

在建立好记忆宫殿后，我们就可以开始用它们来记忆信息了。在记忆之前，回想一下整组记忆宫殿的地点、记忆的轨迹，而后，将图像化的信息，与地点桩之间建立联结。

记忆的信息在内容种类上没有限制，可以是形象的词语、抽象的数字，或者任何想记忆的东西，只要进行了相关的图像化处理，就可以与地点桩进行联结。

我们来看一个组成细胞的化合物的具体应用案例：

化合物	质量分数/%
水	85~90
无机盐	1~1.5
蛋白质	7~10
脂质	1~2
糖类和核酸	1~1.5

在我们要使用地点桩进行记忆之前，要先整理复习一下地点桩。这里，我们以在这张图中选取的五个地点桩为例：床头柜，枕头，柜子，电脑，椅子。

在选取了地点桩之后，想象自己走到地点前，仔细观察地点的细节，确认每个地点用来与信息联结的方位，将它们的形象留在脑海中，以便未来可以随时使用"心灵之眼"让它们重新浮现在眼前。

在准备好地点桩之后，我们就可以开始处理要记忆的信息了。这组信息包含组成细胞的五种化合物，以及它们所占的质量分数，那么我们要记忆的就是化合物的名字，并与它们的质量分数一一对应，互相之间不能混淆。可以选择化合物的名字进行抽象转化，而后和质量分数对应的数字编码进行组合联想，再与地点桩进行联结。

我们来看一下具体怎样做：

第一个，水，本身就是一个形象词，我们可以想象一盆水、一瓶水的形象等。85对应宝物，想到一个金元宝的形象；90对应酒瓶，想到几个已经空了的酒瓶。

完成了形象化处理，接下来就是联结。通过锁链故事法将几个形象联结在一起：将一盆水从上面倒入瓶口放了一个金元宝的酒瓶，只有少量水倒进了酒瓶中，其他的都顺着床头柜流到了地上。

接下来，我们来看第二个，无机盐，用一袋盐来代表。1在数字编码中对应小树。另一个数字是1.5，在编码中并没有小数点的存在，这里要怎样处理呢？

其实在现实生活中，我们经常会遇到各种各样的数字形式，而数字编码是最基础的数字转化方式。在应用的时候，可以针对每个素材的特殊之处，在编码上做一点处理就好。比如1.5，0.5是1的一半，可以用半棵小树表示，1.5就是一棵小树下有长到一半的半棵小树。也可以使用5对应的数字编码手套，或者在联结的时候将图像变小来表示它是小数点后面的数字等。我们可以根据自己的思维习惯进行相应的变化，只要在回忆的时候可以准确还原即可。

那么接下来，进行图像之间的联结以及和地点桩的联结。同样使用锁链故事法：将一袋盐挂在树枝上，树枝上垂下来一根绳子，连接着一个很小但很重的手套，在枕头上压出了五指指印。

以上是我举的两个例子对应的景象，现在请你们将其余三组信息也联结在另外三个地点上吧。

正如前文一直提到的，我们在应用记忆宫殿法的过程中，也不要忘了图像记忆的核心"心灵之眼"。当我们站在这个虚幻又真实的空间中进行记忆时，更真实的图像想象能让记忆的联结更为紧密。

记忆宫殿是一个整体的空间，我们在进行信息的联结时，不妨想象自己正置身于这个空间内，自由地在其中移动。在记忆的过程中，我们可以想象自己站到地点前，看着要记忆的信息在眼前和地点桩进行图像的交互联结，也可以想象自己飘在天花板上，从半空中俯视着这一切的发生。总之，在想象的世界中，我们可以按照自己的喜好，自由地安排一切事情。

每组地点桩都需要时间来熟悉和练习。在回忆的过程中，也可以通过记忆的效果检验地点选择、联结等过程的有效性。在大量实践了记忆宫殿法之后，与同好们的交流也反馈出了一些共通的经验。比如，每个作为地点桩的物品周围最好留有一定空间，这样在联结记忆时，可以留给记忆信息一个足够大的空间，避免视野中出现其他东西分散注意力。一组地点桩要经常使用才能更熟悉，但也不宜在一天之内反复使用，因为新记忆的信息可能会和刚才残留的记忆信息混淆。

共通的经验可以帮助我们更快速地掌握记忆宫殿法的应用技巧，但每个人的思维模式都是独一无二的，因此在练习的过程中，应根据记忆的结果复盘记忆的过程，慢慢总结出属于自己的记忆习惯偏好，应用起来就可以更加得心应手。

tips

记忆宫殿

记忆宫殿是一种古老的记忆方法，经过上千年的发展与演变，已经成为一个成熟的、可以帮助普通人提高记忆力的方法，它有着强大的力量。

在现代影视作品中，也有对擅长使用记忆宫殿的人物形象的刻画。在英国广播公司出品的系列剧《神探夏洛克》中，主人公夏洛克·福尔摩斯是一位私家侦探，他有着冷静的头脑、敏锐的观察力、出众的推理能力，同时，他有着涵盖各门学科的庞大知识储备，为他破解各式各样的谜题奠定基础。

关于他是如何将大量的知识信息存储起来的，在剧中，夏洛克告诉他的朋友华生，这是一种记忆方式，一种思维地图，只要在地图上绘制地点，不必是真实的地点，就可以把记忆存储在那里。理论上来说，利用这种方法，什么都不会遗忘，只要找对途径，就能找回记忆。他将人的大脑想象成一个空荡的阁楼，选择要放入其中的家具，而且，为了让这个阁楼的实用性更强，夏洛克丢掉了很多别的东西。而普通人脑海中的阁楼，大约是有用的信息混杂着无用的内容，杂乱无章地摆放着。

第三节　寻找自己的桩子
——万物定桩法

以上两节，我们介绍了使用数字桩和地点桩的两种定桩法。数字桩和地点桩，是我们可以预先准备好，随时可以用来联结记忆新信息的桩子。在生活中，我们可以选择的桩子类型有很多，在应用的时候更具灵活性。只要是有确定数量，相对熟悉，可以形象化并与要记忆的信息联结的东西，就可以作为记忆的桩子。运用万事万物来定桩记忆的方法就称为"万物定桩法"。

● 物体定桩

物体定桩法，是选择一个物体之中，有着不同特点的几个部位，用来与记忆的信息进行联结。这和记忆宫殿法有一定的相似之处，只是记忆宫殿法的应用更为普遍。因为每个人熟悉的东西有所不同，所以在使用物体定桩法时也会选择不同的物体。在这里，我们选择比较常见的汽车来举例。

下图是一辆轿车的内部，我们可以看到，其中有很多具有代表性的地点，如方向盘、开门的把手、倾斜的座椅、座椅中间放东西的地方等。根据记忆宫殿法中相似的规律，这辆车的内部有很多适合做"桩子"的地方。如果我们对一辆比较熟悉的车子里的东西，进行一个简单的整理，一组新的桩子就出现了。

每个人有着不同的爱好，对于一些人来说，他们对车子内部构造的了解程度，远高于对自己的房子，这时选择车作为"记忆宫殿"就有更好的记忆效果。相应地，这里使用的车辆也可以根据具体的情况与需求换成别的物体桩。另一方面，如果我们是在记忆一些和车相关的知识信息，选择车作为记忆宫殿可能更为应景，记忆的画面更为生动，也更加容易提取。

● 字母定桩

英文字母有着确定的整体数量，每个字母有对应的读音，相关联的含义，在记忆素材中很常见。因此，为26个英文字母打造一套编码是很实用的，这和数字编码的应用有着很多的相似之处。

下面这张表是一套比较通用的字母编码库：

A	苹果 apple	J	果汁 juice	S	蛇 snake
B	蜜蜂 bee	K	风筝 kite	T	电话 telephone
C	猫 cat	L	狮子 lion	U	U盘
D	狗 dog	M	妈妈 mum	V	面包车 van
E	大象 elephant	N	鼻子 nose	W	水 water
F	鱼 fish	O	橙子 orange	X	X光 X-ray
G	吉他 guitar	P	猪 pig	Y	溜溜球 yoyo
H	心 heart	Q	女王 queen	Z	斑马 zebra
I	蜡烛	R	草		

读到这里，相信你已经了解了很多种转化联想的方式了，那么看到这套编码库中每个字母对应的编码，能不能理解相应的联想方式呢？

在这套编码库中，由于英文字母读音的特殊性，除了少数字母，如B可以通过相似的读音联想到bee（蜜蜂），大部分的字母都不太容易通过谐音的方式进行联想，但每个英文字母都会在单词中出现，因此很容易找到以这个字母开头的、表达形象含义的单词，可以用它对应的图像做编码。

此外，也有少量字母通过其他方式进行了联想。比如，字母i是通过字母的形状联想到蜡烛；字母r也是通过形状联想到了草。

在了解了字母的联想过程后，我们就要开始尝试使用了。和数字编码的使用逻辑一致，先尝试接受，不合适的进行修改，最后，别忘了给每个字母描述的编码配上自己熟悉的图。当我们有了一套熟练使用的字母编码，无论是用来高效转化单个字母，还是用字母作为桩子整理其他的记忆信息，这都是一个很棒的记忆工具。

到目前为止，我们已经用到了数字和字母两套编码库，在了解它们的联想方式后，我们可以根据自己的理解和感受，尝试着总结出一些编码库的编写法则。这样，在未来更为具体的应用场景中，如果有适合打造为编码库的内容，可以自行编写，会极大地提升记忆效率。

● 绘图定桩

在前面的章节中，我们讲解了绘图记忆的应用。通过绘图的方式，将自己脑海中想象的画面，展现在现实世界中。由于图形有着很强的可塑性，因此图形本身也可以成为一类很好的桩子，特别是主题特点鲜明的内容，选择相关的图像作为桩子进行记忆，记忆的过程会更为生动切题。

比如，在汉文化中有着五大名山，统称为五岳：

东岳—泰山，南岳—衡山，西岳—华山，北岳—恒山，中岳—嵩山。

我们来分析一下这个知识点。山的名字都是一个字，而且比较抽象，需要进行转化。其中，"衡"与"恒"有着相同的读音，需要注意区分。而五座山除了记忆名字外，还要记忆对应的不同方位，既然这样，我们可以尝试用一个方位图来做桩子：

在这个图中，有着东、西、南、北，以及中间这样五个位置。而后，将山名进行形象转化：泰山转化为"台阶"，衡山转化为"平衡木"，华山转化为"花"，恒山转化为"恒心"（一横&一心），嵩山转化为"松树"。转化完成后，在这些位置上依次画上每个山名转化的图像，如下图：

相比其他定桩法，绘图定桩有一个很大的优势，在于它的灵活性。在设计用来归纳整理信息的"桩子"时，绘图定桩可以充分考虑信息内容本身的特点，选择合适的、容易和内容主题相呼应的图像，同时根据实际需求选择用来与信息联结的位置数量。比如，在记忆医学知识时，选择人形的图像，利用人体本身的结构做桩子，比单一的数字定桩、字母定桩等都要生动形象。

中篇结语

　　记忆的本质是以熟记新。对于和已知信息相似的东西，我们更容易将它们编码存储在长时记忆中，因此把我们要记忆的信息与已知的信息进行联结，就是最好的记忆方法。第三章主要介绍了面对不同类型信息时，我们可以选择的建立联结的方法，包含有逻辑的思维流动和无逻辑的自由想象。而第四章则是将我们已知的信息整理成一套完整的系统，为每一组已经完成的联结提供一个有规律、易于查找的存储空间，避免信息过多出现遗漏或混淆。

　　读到这里，相信你已经对记忆系统有了一定的理解。很多时候，看到这些记忆方法，是不是有些熟悉感？

　　事实上，在各个科目的教学中，很多地方有记忆法的应用，只是它们都隐藏在老师的教学方法中，但老师们没有把如何用记忆法教学这件事教给我们。那么这本书要做的，就是对记忆方法进行一个系统的整理，帮助大家理解每个方法的优势和劣势，以及它们各自适合的应用场景。在这个过程中，你会发现，原来自己早就接触过它们，现在只要对记忆法的前因后果、来龙去脉有一个清晰的认知，就可以很好地应用它们了。

下篇
记忆法的进阶应用

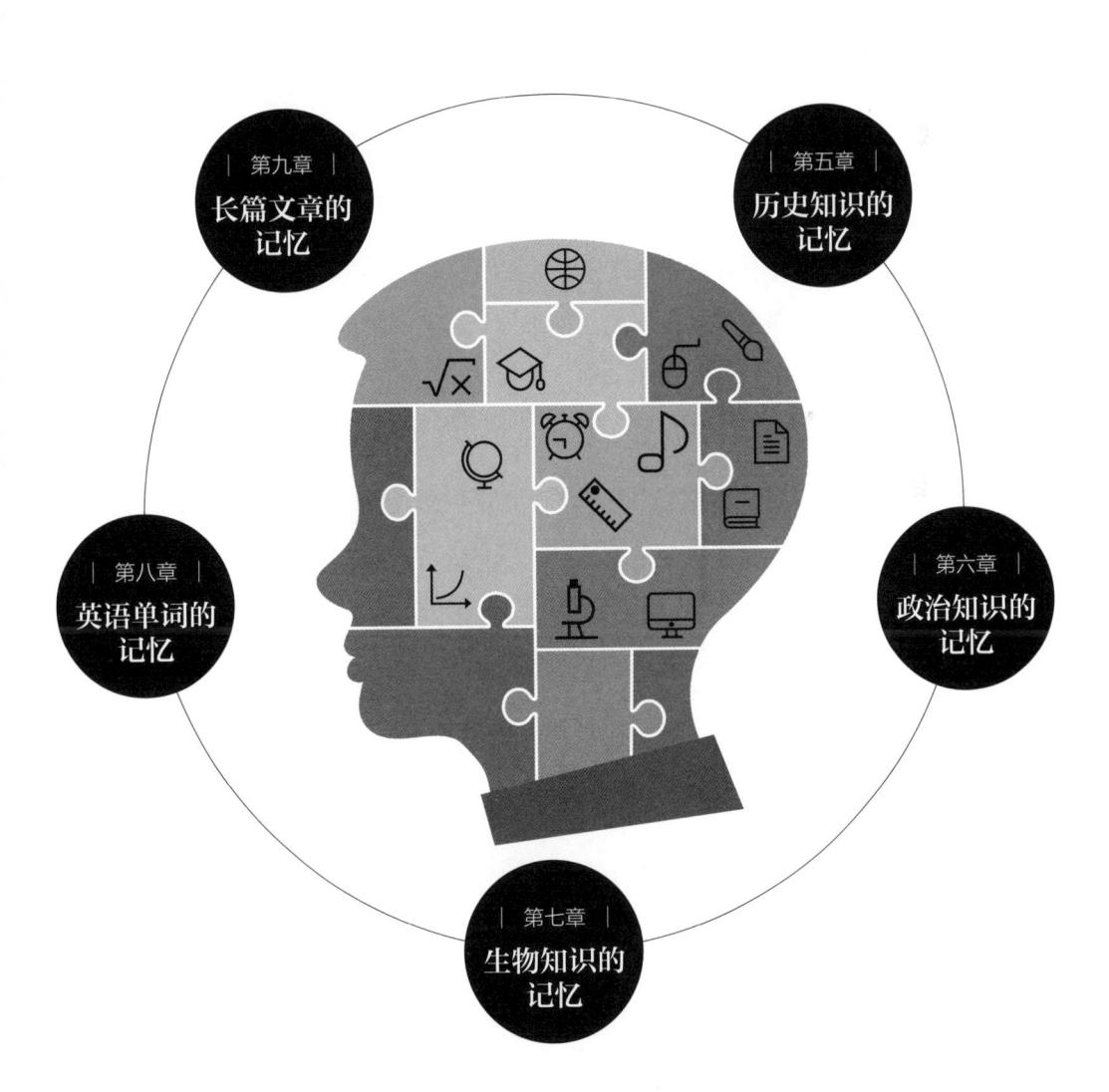

- 第九章 长篇文章的记忆
- 第五章 历史知识的记忆
- 第八章 英语单词的记忆
- 第六章 政治知识的记忆
- 第七章 生物知识的记忆

在中篇的内容中，我们介绍讲解了多种记忆方法的核心理论，相信读到这里，你已经对记忆法有了一个系统的认知了。

在每个记忆方法的讲解中，虽然举出了具体的案例，演示这些记忆方法如何实际应用，但是很多读者反馈说，虽然方法理解了、学会了，案例看懂了，但在生活中遇到需要记忆的素材，仍然不知道该如何使用，无法达到理想的记忆效果。

这是一个很正常的现象，是很多初学者会遇到的情况。

在实际生活中，每个人的记忆需求不同，需要记忆的内容素材多种多样，可能比用来演示方法的案例要复杂得多。在开始实际应用之前，我们就会面临一些选择：这种样子的素材，该用哪种记忆方法？具体该如何应用？

想要让我们的大脑很好地回答这个问题，需要对每种基础的记忆方法本身的特性有一个自己的理解与认知，如每种方法适合什么素材，能解决什么问题，不适合什么情况。而影响问题最后答案的，有方法本身的适用范围，也有个人独特的思维记忆习惯。在刻意练习的积累后，当应用起来游刃有余时，大约就是将记忆方法完全内化成属于自己的工具了。

在下篇的内容中，我选择了不同类型的记忆素材，并且尽可能保留了它们最原始的样子，希望在这个章节不同类型信息的案例讲解，可以为读者提供一些不同的信息处理思路，以及记忆方案的选择思路。

第五章
历史知识的记忆

第一节　年代信息的记忆

在历史学科知识中,有一类比较特殊的信息,那就是事件发生的历史年代。对于这类信息,我们不仅需要记住事件发生的先后顺序(这暗示了历史事件间的因果关系),还需要记住部分重要事件的具体发生时间。

那么,如何高效地记忆这些事件的年代信息呢?我们以部分近代史的大事年表为例:

事件	时间
鸦片战争	1840~1842年
中英《南京条约》签订	1842年
太平天国运动	1851~1864年
第二次鸦片战争	1856~1860年
英法联军火烧圆明园	1860年
洋务运动	19世纪60~90年代
甲午中日战争	1894~1895年
《马关条约》,公车上书	1895年
戊戌变法	1898年

续表

事件	时间
义和团运动兴起	19世纪末20世纪初
八国联军侵华	1900年
《辛丑条约》签订	1901年
中国同盟会成立，清政府废除科举制度	1905年
武昌起义，辛亥革命爆发	1911年
中华民国成立	1912年

我们首先来分析一下这组信息。这是中国近代史的大事年表，关键点在于事件和时间的一一对应，因此在我们介绍的记忆工具中，"组合联想"十分适合于这个应用场景。

从直观上看，这组信息涉及事件名称和年代数字的组合记忆。数字记忆最直接的方法就是使用数字编码。年代信息由四个数字组成，看起来需要两个编码进行联结，而后与历史事件再进行联结。

这个记忆过程有没有可能再进行简化呢？

1840年鸦片战争是中国近代史的开端。中国近代史的时间为，1840年到1949年中华人民共和国成立前夕，持续了一百年左右的时间。因此，近代史中事件的年份，如果后面两位数字大于"49"，则前面两位一定为"18"；如果小于"40"，则前面两位一定为"19"。而在1840~1849年间，只有鸦片战争和《南京条约》签订两个信息点，通过这个年代划分的总结，我们就可以只记忆年代的后面两位数字和事件名字，减少一部分记忆信息量。

● **数字编码记忆年代信息**

数字编码已经完成了将抽象数字转化为具体形象这一步，接下来我们要做的就是将事件名字也具象化，然后与数字图像进行组合联想。

事件名称的转化，在前文形象记忆的章节中有提到，可以从事件名称本身出发，通过谐音或文字重组进行转化，也可以通过实际情景，寻找代表性的物品。从这个应用场景来看，历史事件的背后有着特殊的故事、历史含义等，代表物品可能与主题结合更为紧密，更容易回忆，可以优先选择。

鸦片战争——1840~1842年

年代信息依据数字编码进行转化。"40"转化为"司令"，"42"转化为"柿儿"。事件"鸦片战争"，根据内容含义，选择"烟斗"这个形象代表。将这几个形象进行联结：司令用烟斗击打柿儿，将柿儿打烂了。

戊戌变法——1898年

同样地，"98"转化为"酒吧"，用一个"酒杯"代表。在"戊戌变法"这个事件名称中，"戊戌"是天干地支的纪年历法，没有具体的含义，在转化时，可以根据自己的思维习惯联想。比如，通过谐音转化为"五须"，联想到"五须虾"，那么这个联想为：一只五须虾跳进酒杯里。

或者，同样结合历史意义，在戊戌变法中，六位被杀害的维新党人被称为"戊戌六君子"，根据这个场景，选择六个人代表事件名称。那么这个联想为：六个人围着一只酒杯。

● 年代信息的组块记忆

在前面我们提到，语义编码是形成长时记忆的主要编码方式之一，因此，如果在年份信息之间找到一些关联，或者联想一些含义，就可以有效地帮助我们记忆。比如，下面是两次鸦片战争的相关事件的时间点：

鸦片战争	1840~1842年
中英《南京条约》签订	1842年
第二次鸦片战争	1856~1860年
英法联军火烧圆明园	1860年

上表中列出了4个事件的时间点，通过观察发生的时间以及历史事件本身的关联，我们不难发现，鸦片战争失败后，中英签订了《南京条约》，因此

签约年份和战争结束是同一年。同理，英法联军火烧圆明园和第二次鸦片战争的结束也是同一年。那么，我们只要记住两次鸦片战争的时间，就可以推理出另外两个事件的时间了。

我们再进一步分析数字的规律。上文我们记忆了第一次鸦片战争开始与结束的两个时间，可以知道，第一次鸦片战争持续了2年，而第二次鸦片战争持续了4年。这两个数字之间是不是存在一些规律呢？如此，我们需要记忆的时间信息进一步简化，只需要记住第一次鸦片战争1840年开始，以及第二次鸦片战争1856年开始，其他的时间，可以通过推理得到。

当然，这部分内容中关于战争持续年份的规律，并不是真的有什么历史含义，只是一些数字上的巧合，但既然语义编码可以帮助我们将信息转入长时记忆，那么我们就可以通过寻找或设计制造一些规律联系，而后在脑海中强化记忆这样有含义的规律信息，帮助我们达到记忆信息的目标。

第二节　简答题目
——并列信息的记忆模型

在历史学科的学习中，有一类简答题，题目可能会问及某个历史事件的意义、影响或启示等，或是某个历史事件的内容、原因以及具体经过，对应的题目答案会分为几个答题点。这些信息多数是并列的关系，因果关系只占少数，因此，这类信息的记忆难点，在于将所有答题点全部准确回答出，没有遗漏。

回顾一下我们前面提到的基础方法，能够将很多信息点记住，同时能够对信息点数量做较好把控的，有哪些方法呢？

歌诀法在每个信息点中选取代表性的字词，组合在一起，而且对仗工整，回忆时信息点的数量是比较容易控制的，但如果信息内容较多，选取单个字词组成的歌诀，可能在信息还原上有困难。定桩法便于按照顺序依次记忆信息点，单个桩子的信息容载量也比较大，但如果信息数量比较多，用数字桩或地点桩，可能出现桩子数量不够的情况。

综合以上考量，定桩法中的万物定桩法在这里是很适用的。根据题目内容选择相应的主题物，在这个物品上再选择固定数量的位置做"桩子"，依次记忆信息点。

那么我们来看一下，万物定桩法在历史知识的简答题中如何具体应用：

● 题目含义相关的绘图定桩法

工业革命的启示

科技是第一生产力，创新是引领社会发展的第一动力。

我们要坚持"科教兴国"战略，大力发展科技创新。

科技是一把双刃剑，要趋利避害，保护环境。

这道题目是工业革命相关的内容，因此选择"蒸汽机"作为主题，选择机器中间、机器前侧和排气孔三个地方做"桩子"。

机器中间：动力机器上的心形窗户，表示创新是引领发展的第一动力。

机器前侧：一个人在给小孩子讲解教学，表示科教兴国，发展创新。

排气孔：排气孔上插了一把剑，表示双刃剑；排出的"黑色"蒸汽表示保护环境。

绘图定桩法适合主题性比较强的题目。选择一个和主题相关的形象，在绘图的时候，尽可能还原原本的内容含义，也可以在信息之间通过自己的想象建立联系。根据自己对具体内容的熟悉程度，或多或少地保留内容信息，记忆完毕之后通过回忆的效果进行自我反馈。

从题目本身出发的标题定桩法

马克思主义理论

马克思主义哲学

政治经济学

科学社会主义

将"马克思主义理论"这个标题拆分为三部分:"马克思""主义"和"理论"。将这三个词作为"桩子",依次和三个内容联结:

马克思:马克思主义哲学。

主义:科学社会主义。

理论:政治经济学——想象政治教材和经济教材放在一起,教材表示理论。

这是一个比较简短的并列信息模型,而且题目和答案的关联很强。题目的前两个词语分别与两条内容是直接相关的,而根据最后一个词"理论",转化了一个具体形象,与剩余的一条内容进行了简单的联想。标题定桩记忆的过程简洁高效,但对信息的保留是有限的,因此适合答案信息简短熟悉、与问题相关性比较强的题目。

第三节　应用挑战
——"鸦片战争"

在前面两节中，我们演示了历史科目中两种经典题型的记忆方法，但在具体的应用中，各种不同类型的信息常常是混合在一起出现的。在本节中，我们选取了历史教材中关于鸦片战争这节课中的一个知识点案例，来看一下在实际的学习中，如何运用记忆法进行高效学习。

一段时期内发生的历史事件，可能有着内在因果关系。因此，记忆的第一步就是结合所处时代的特殊性，在理解的基础上通读整段信息内容，提取关键词，在这个过程中找出可以根据逻辑关系理解记忆的部分，也划分出需要特别记忆的信息。而后，就是根据信息的类型，选择合适的记忆方法。

《南京条约》的签订

1.时间：1842年8月。

2.内容：

①开放广州、福州、厦门、宁波、上海五处为通商口岸；

②割香港岛给英国；

③赔款2100万银圆；

④中国海关收取英商进出口货物应纳税款，必须经过双方商议。

3.意义：《南京条约》是中国近代史上第一个不平等条约。

在这个知识点中，《南京条约》的签订时间和意义是需要分别记忆的。《南京条约》的内容是一组并列信息。

时间是1842年，如本章第一节内容所说，可以用42的编码"柿儿"表示。

"《南京条约》是中国近代史上第一个不平等条约"，根据内容含义，选择用一个不平衡的天平来表达不平等。

接下来是《南京条约》的内容。既然是"南京条约",我们可以从"南京"这个词开始联想,选择一个绘图主题。这里从"南京"的谐音想到一头蓝色的鲸鱼,并选择鲸鱼的"嘴巴""手""腹部"和"尾巴"四个部位作为"桩子"。

开放广州、福州、厦门、宁波、上海五处为通商口岸:准确记忆五个地名是关键。五个城市的名字是相对熟悉的内容,因此可以使用歌诀法。从每个城市名中各取一个字组合起来:"福宁广上厦",谐音为"扶您逛上下",想象一个人在鲸鱼的腹部扶着老人逛逛的上下楼画面。

割香港岛给英国:在鲸鱼的尾巴上画一座小岛,然后用一把刀将尾巴割断,表示割让香港岛。

赔款2100万银圆:我们需要重点记忆这个数字。这里依然可以选择数字编码库中的图像,鲸鱼的嘴长成了鳄鱼嘴的形状,咬着一架望远镜。

中国海关收取英商进出口货物应纳税款,必须经过双方商议:根据内容含义,想象一个人拉着货物和鲸鱼握手交易,货物上有着税金的画面。

将以上图像组合在一起,如下图所示:

第六章
政治知识的记忆

第一节 专业词语的形象转化

政治学科知识一直是很多人学习记忆的难点。政治学科的一个主题下信息量巨大,而且一个知识点中,往往有着很多抽象的专业词语,这是引起记忆困难的主要原因之一。

那么,如何将抽象的专业词语转变成容易记忆的形象,并且在答题时还能将知识信息准确还原呢?

我们来看一组专业词汇:

经济　　技术　　建设　　商品　　贸易
服务　　发展　　资金　　劳务　　金融

这组词汇是从政治学科中讲解经济相关内容的章节中选取的,是很常见的专业词汇,含义抽象而且内容比较广泛。根据前面讲到的抽象词语转化为形象的方法,我们来尝试对其中几个词进行转化。

经济

金子:从经济这个词的含义,想到它可能描述的商贸场景,选择"金子"这个形象。

鸡精:通过文字重组,将经济两个字颠倒过来读,联想到"鸡精"。

技术

扳手：从技术的含义联想到工程师，选择"扳手"这样一个工具来表示。

书籍：通过文字重组，将两个字颠倒过来，谐音联想到"书籍"。

建设

安全帽：通过建设联想到工地正在盖楼的场景，选择"安全帽"这个形象。

剑折：通过谐音，联想到一把剑中间折了的样子。

像这样简单地想象一下，就完成了抽象词语的转化，看起来很容易对不对？但在实际应用中，还有另外一个挑战。我们来看以下三个词语：

经济　　　金融　　　资金

三个词语的含义都比较广泛，而且在可能联想到的场景上，有一定的相似性，这就导致我们在不同的时间，或是背不同的题目时，如果分别遇到了这些词，可能将它们转化成相似甚至相同的形象。比如，三个词语都与商贸场景有关，因此将它们都转化为"金子""纸币"或类似的形象。那么在还原形象为词汇时，就可能发生混淆。

那么怎样解决这个问题呢？

既然这个可能的混淆源自转化出的图像，那么我们可以从这个图像转化的过程着手，让每个抽象词语转化的图像更为独特。

第三章中讲解如何进行抽象词语转化时，我们给出了三种不同的转化思路，但实际发生的联想是有无限可能的。因此，在练习时，我们可以对将要转化的词语，按照三种思路都进行一些尝试，然后分析一下每个形象的特点，从对这个词语本身含义的理解出发，从多个结果中选择一个自己感觉最合适的，最能让词语和形象一一对应的。

另外，在政治学科中，有一些专业词汇会在很多内容中出现。这类词汇虽然没有准确的数量，但整体上是相对有限的。对于这样的情况，可以考虑为相关的词汇专门编写一套编码库。在编写的过程中，对高频出现的、容易与其他词语混淆的，进行特别的关注。

比如，如果通过文字重组的方式将"金融"转化为"融化的金子"这个形象，那么同样带有"金"字的"资金"，就应更换为另一个方向的联想，比如根据出现的场景，联想到"一摞纸币"的形象，这样就将两个词语的形象区分开来了。

如此，慢慢对相关词汇的编码进行积累，在每次完成记忆后对编码的效果进行复盘，相信经过一段时间的练习后，看似抽象的专业词汇，我们也能快速完成转化与记忆！

第二节 论述记忆
——多层信息的记忆模型

在相关的考试中，简答题是分数占比很大的题目，想要拿到高分，不仅需要对题目内容的理解，更需要对相关知识点的准确记忆。

上一节我们提到了单个专业词汇的转化问题，但一道简答题的答案，可能是由多个专业词语混合组成的，需要我们准确记忆，不能遗漏，而这些信息中的一部分内容组合起来，可能又是另外一道题的答案，因此在答题时还要注意不能混淆。

另外，很多题目的答案包含多个层次，有一定的逻辑关系。那么，遇到多个层级的信息，如何有效地记忆它们呢？首先，对将要记忆的内容信息进行理解记忆，同时在这个过程中提取关键词，将原文尽可能简化，只保留必须记忆的内容。而后，从第一层开始记忆，使用歌诀法、锁链法等，记住第一层有哪些分级。接下来是第二层，将第二层的信息与对应的第一层分级进行组合，以此类推。

这里我们以一个多层级的知识点记忆为例，来看一下如何运用记忆法进行记忆。

经济全球化的重要载体——跨国公司

1.跨国公司的含义：以母国为基地，通过对外直接投资，在两个或两个以上国家设立分支机构或子公司，从事国际化生产、销售和其他经营活动的国际大型企业。

2.跨国公司的目的：实现最大利益。

3.跨国公司的运行：跨国公司在全球范围内从事对外直接投资，它们单独或与其他企业共同出资，在其他国家创立新企业，或并购现有企业，或扩张原有企业，利用世界各地的优势组织生产经营。

4.跨国公司的影响：

（1）积极

①跨国公司的大规模发展为经济全球化提供了强有力的载体，其影响已经遍及全球生产、流通和消费等各个领域。

②跨国公司在全球范围内到处奔走，推动着生产全球化、贸易全球化、金融全球化的深入发展与国际分工的深化，把国际分工发展为跨国公司的内部分工，把国际贸易发展为跨国公司的内部贸易，形成了以公司内部分工和贸易为基础的国际经济体系，促进了全球资源配置的优化和全球的科技合作与进步。

（2）消极

跨国公司的发展也会给世界经济带来负面影响，如不考虑母国或东道国的国家利益，实行跨国行业垄断，破坏国际市场的公平竞争，向发展中国家转移落后产能和环境污染等。

这是一个内容很长的知识点，我们先通读下来，进行一下内容的分析理解。这个知识点是关于跨国公司的几个方面内容，而且句子比较完整，因此我们先来简化信息。

1.跨国公司的含义：以母国为基地，通过对外直接投资，在两个或两个以上国家设立分支机构或子公司，从事国际化生产、销售和其他经营活动的国际大型企业。

2.跨国公司的目的：实现最大利益。

3.跨国公司的运行：跨国公司在全球范围内从事对外直接投资，它们单独或与其他企业共同出资，在其他国家创立新企业，或并购现有企业，或扩张原有企业，利用世界各地的优势组织生产经营。

4.跨国公司的影响：

（1）积极

①跨国公司的大规模发展为经济全球化提供了强有力的载体，其影响已经遍及全球生产、流通和消费等各个领域。

②跨国公司在全球范围内到处奔走，推动着生产全球化、贸易全球化、金融全球化的深入发展与国际分工的深化，把国际分工发展为跨国公司的内部分工，把国际贸易发展为跨国公司的内部贸易，形成了以公司内部分工和贸易为基础的国际经济体系，促进了全球资源配置的优化和全球的科技合作与进步。

（2）消极

跨国公司的发展也会给世界经济带来负面影响，如不考虑母国或东道国的国家利益，实行跨国行业垄断，破坏国际市场的公平竞争，向发展中国家转移落后产能和环境污染等。

在原有的这部分知识中，我们标出了一些关键词，简化了一些重复的信息。那么我们可以看到，第一层信息为跨国公司的几个分析方面：含义、目的、运行和影响，词语熟悉而且数量上准确，很适合使用歌诀法，得到"含目运影"的组合，可以直接记忆，也可以根据谐音等方式转化一下画面。

而后分析第二层的信息，并与对应的第一层进行组合。比如，第二条"目的"的下一层是"利益"，这两个信息之间的逻辑关系是比较清晰的，可以直接理解记忆。如果是无法理解记忆的内容，严格按照记忆方法来处理，将两个词分别转化为形象词再进行组合联想，是一定可以有效记住它们的。

同样地，第四条"影响"分为"积极"和"消极"，正反两面，很容易理解。第四条的记忆关键在于第三层信息，在"积极"影响中，跨国公司为经济全球化提供强有力的载体，同时，推动全球化和国际分工的深化。这部分内容可以根据含义进行绘图。而"消极"影响包含了几个负面信息点，互相之间是并列的关系，可以使用歌诀或锁链等方式组合记忆。而后，将组合的第三层信息分别与第二层的"积极"和"消极"联结。或者，对于这个知识点来说，积极或消极很容易从内容上判断，可以直接进行理解记忆。

有了以上记忆方案的参考意见，你能不能尝试着分析一下剩余的内容，将这个知识点完整记忆下来，而后准确默写还原呢？可以用绘图的方式画出你的想象，给身边人讲述你的想法。

综上所述，多层信息的记忆，可以说是由一个个单一组分的记忆模块累积起来的。首先，将一个多层逻辑的内容，拆分为同层信息之间并列关系的记忆模块，或是相邻两个层级信息之间带有逻辑关系的记忆模块等，而后分析每一个局部信息的记忆模块，根据信息内容的特点以及希望达成的记忆目标，来选择合适的记忆方法完成记忆。

第三节　应用挑战
——考点知识的记忆应用

前两节我们讲解了政治知识记忆的两个难点，那么下面我们来看两个案例，了解如何根据实际情况进行分析，选择合适的记忆方案。

影响经济全球化的主要因素

一种必然：经济全球化是社会生产力发展的客观要求和科技进步的必然结果。

一个根本：经济全球化加速发展的根本动因是世界各国对本国、本民族利益的追求。

一个基础：市场经济体制为经济全球化奠定了体制基础。

首先，我们通读整段信息，画出关键词来将信息简化：

影响经济全球化的主要因素

一种**必然**：经济全球化是<u>社会生产力发展的客观要求和科技进步</u>的必然结果。

一个**根本**：经济全球化加速发展的根本动因是世界各国对本国、本民族<u>利益的追求</u>。

一个**基础**：<u>市场经济体制</u>为经济全球化奠定了体制基础。

可以看出，这是一组多层信息。首先是第一层，"必然""根本"和"基础"三个关键词。这里在转化后用锁链的方式联结，用"铅笔"表达"必然"，用托着铅笔的"树根"表示"根本"，用坐在树根上的"小鸡"表示"基础"。

而后将第二层信息分别与第一层进行联结。铅笔上的"纺车"和"电脑"表达"社会生产力发展和科技进步"；树根上长出了"金币"表达"利益的追求";小鸡后面靠着"市场的摊位"表示"市场经济体制"。这样将三层信息联结在图中,再加上一个发出声音的喇叭表示"因素"。

图中的内容是对知识点中关键词的转化。在实际的简答题目中,还需要我们将剩余信息结合起来,用完整的句子回答问题,而剩余的信息可以尝试理解记忆。现在的你,根据图中的信息,能不能准确还原每个信息原始的描述呢?如果有所遗漏,或是难以还原,可以随时对自己的绘图初稿进行修补,进行强化记忆;如果已经能够完整还原,就可以将这幅图的静态形象和动态想象留在大脑中。在需要回忆时,尝试打开"心灵之眼",让这幅图重现,而后将原始内容还原就大功告成了。

第七章
生物知识的记忆

第一节 零散信息的记忆

生物学又称生命科学,广泛来说,是研究所有和生命相关内容的自然科学,是一个以人类观察研究自然界的经验为基础的学科。

生物学中包含了很多分支学科。虽然生物学的研究范围很广,但前人也总结出了一些规律,希望尽可能将部分信息整合成一个相对统一的概念。可以说,这是一个既需要理解逻辑关系,又需要记忆大量零散信息的学科。

根据校内的学科设置,我们从初中就开始接触和学习生物学了。从了解身边的生物与环境开始,到高中时期学习细胞的工作运转,从微观层面理解生命活动,生物学科内容广泛。在学习的过程中,我们可能常常遇到各式各样的信息,类型千奇百怪,有宏观可见的,也有微观难以观察的,这也成为生物学科知识记忆中的一个难点。

只从记忆零散知识点这个目标来说,相信前面的章节已经给大家提供了很多种思路和方法,如转化为图像的形象记忆,将两个信息点联结在一起的组合联想,以及可以在数量或顺序上准确记忆的定桩法。

但生物学是有着自己的语言的,包括很生僻的专业名词,或是与日常生活不一样的描述表达方式,这些都是记忆过程中需要跨越的障碍。

那么这里就出现了一个问题：对于专业性极强的生物知识，如何更好地发挥想象力，将各式各样的抽象信息有效地转化为便于记忆的形象信息，同时确保它们可以准确还原呢？

这个问题的答案就是：没有统一的答案。

我们只能在一定范围内总结出一些规律，总体来说，依然需要你根据自己对目标信息的熟悉程度，调整记忆策略。如果是陌生而抽象的内容，则应尽可能将更多的信息完整转化到形象画面中。

我们来看两个具体案例：

软体动物的主要特征

柔软的身体表面有外套膜，大多具有贝壳，运动器官是足。

这是一个关于软体动物的知识点，内容简短，而且描述的信息是比较形象的，因此可以选择运用联想的方式进行绘图定桩。在这个知识中，有一些关键词是需要准确记忆的，如"软体动物""外套膜""贝壳""足"等。从信息的内容来看，这里选择了珍珠贝壳的样子作为整张图的主体形象；然后将珍珠想象成一个柔软的东西表示"软体动物"；给上面的贝壳套上外衣表示"外套膜"；在贝壳下面加上一双脚表示"足"。

下图是一个静态的画面，我们可以打开"心灵之眼"，在脑海中尝试想象一下它的动态画面，想象这个重新组合的贝壳双脚摆动着向前走，柔软的珍珠一颤一颤，外衣的衣摆随风飘动。

线形动物的代表动物

线虫、秀丽隐杆线虫、丝虫、钩虫和蛔虫。

这是一串典型的并列信息。线性动物的代表动物,是五个比较熟悉的词语,只要选择每种动物名字的字头,组成一句歌诀"丝线钩蛔秀"就可以了。但在这组信息中,"秀丽隐杆线虫"这个名字很长,而且十分拗口,为了能够准确还原,我们可以对整个名字进行形象化处理,和其他几个字组成的歌诀合在一起,运用不限于字头的歌诀法,组成一句歌诀:一根丝线钩回修理隐藏的电线杆的人。

然后,我们可以进一步将这句歌诀的画面想象或者绘制出来,变成形象记忆留在大脑中。

第二节 应用挑战——细胞器的分工

生物学的研究从观察生命现象开始,然后是理解现象背后可能存在的规律。在生物知识中，可能有很多隐藏的信息，存在一些可能有相关性，但还没有被完全理解逻辑关系的内容。因此对于涉及理解记忆的信息，除了可以直接理解的部分，其他需要应用记忆方法进行记忆的内容，我们可以尽可能还原，保留它们原始的样子，再结合记忆方法进行有限的形象转化。转化的过程是对知识之间逻辑关系的思考与二次输出，会更有助于未来的学习记忆。

以下选取了动物细胞中部分细胞器的功能，我们来看一下如何运用绘图定桩的方式来记忆相关的知识。

线粒体（"动力车间"）

1.结构：双层膜，内膜向内折叠成嵴，嵴的周围充满了基质。

2.成分：内膜上和基质中含有大量与有氧呼吸有关的酶，基质中还含有少量的DNA、RNA。

3.功能：细胞进行有氧呼吸的主要场所。

在教材中的相关章节，有展示线粒体基本结构的插图，形状很独特，因此，我们可以选择以这个展示了线粒体真实结构的图作为绘图定桩的主体，在这个基础上进行联想。

这个知识点讲述了线粒体的结构成分功能，从中可以挑选和总结出几个关键词，"动力车间""双层膜""嵴""有氧呼吸""大量的酶""少量DNA和RNA"等。那么接下来，依次将这些关键词转化为具体的形象，在图像中表达出来。

首先，在线粒体的下方加一个汽车的动力装置，表示它的功能是细胞中可以产生能量的"动力车间"。其次，着重强化记忆一下结构图本身就展示出来的"双层膜"和"嵴"。最后，结合成分和功能之间的对应关系，用一个"肺"的形象表示有氧呼吸，而肺上长出了一朵梅花表示"有氧呼吸相关的酶"，花瓣上联结着双链的"DNA"和单链的"RNA"。

内质网

1.类型：粗面内质网，光面内质网。

2.功能：

①粗面内质网：表面附着了许多核糖体；参与分泌蛋白等的合成、加工、运输。

②光面内质网：无核糖体附着，参与脂质的合成。

核糖体（"生产蛋白质的机器"）

1.分布：附着在粗面内质网或游离在细胞质基质中。

2.成分：主要由RNA和蛋白质组成。

3.功能：细胞内合成蛋白质的场所。

在通读有关内质网和核糖体的知识点之后，我们可以发现它们之间有着一定的联系，因此可以放在一起进行记忆。同样，选择类似于教材中内质网部分基本结构插图的图形，作为绘图记忆的主体，而后依次将其他关键词信息加入图中。

内质网的两种类型，"粗面内质网"和"光面内质网"用简单的褶皱在图中标示出来。而后，在光面内质网一侧放上一块黄油表示"脂质"的合成，粗面内质网一侧则放几颗鸡蛋来表示与"蛋白质"相关的功能。核糖体被称为"生产蛋白质的机器"，这里就可以将两个细胞器联合起来记忆。在教材的插图中，核糖体大多只用一个圆点表示，没有更细致的图形结构，那么在这里我们就对它进行一次形象转化，用一个糖果来表示"核糖体"。除了附着在粗面内质网上，一些核糖体也会游离在细胞质基质中。糖果上立着的鸡蛋和连着的单链"RNA"表示它由蛋白质和RNA组成，是生产蛋白质的场所。

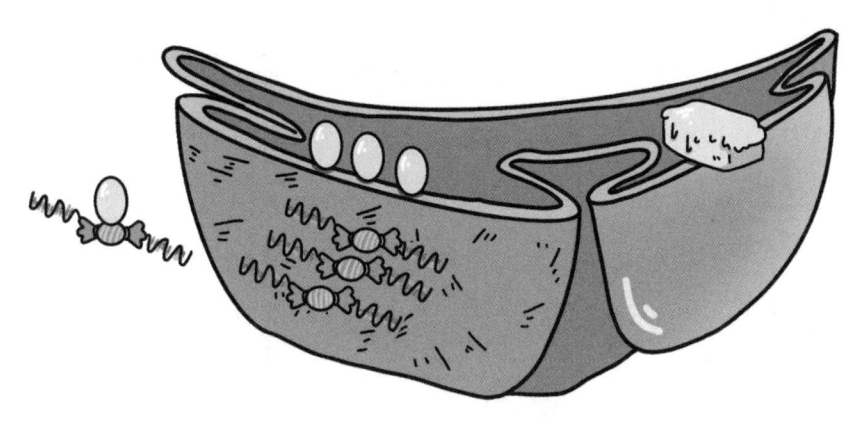

高尔基体

功能：对来自内质网的蛋白质进行加工、分类和包装的"车间"和"发送站"。

高尔基体的知识点中，对于功能这部分描述得很形象，我们可以试着直接想象一下这句话的情境：用一颗颗鸡蛋表示的"蛋白质"，在经过高尔基体之后，被加工成了"礼品盒"，然后根据礼品盒的大小进行分类，分别发往不同的地方。"高尔基"这个名字是从英文音译过来的，因此可能直接记忆起来有些困难，我们可以对它再进行一次形象转化，将"高尔基"转化为"悬挂在高处的耳机"这一形象，来辅助记忆。

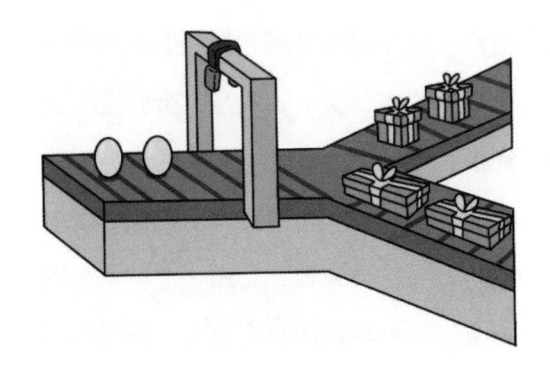

中心体

1.组成：无膜结构，由两个相互垂直的中心粒及其周围物质组成。

2.功能：与细胞的有丝分裂有关。

在教材中有着中心体的结构插图，图形特征性很强。可以看出，插图已经将中心体的结构展示得很清晰，那么我们要记忆的另一个关键词，就是"有丝分裂"。有丝分裂是细胞的一个生命活动，在这里我们同样可以为它做一个形象转化，用"一根丝线缠绕在中心体上，使它从中间断裂开"来表示"有丝分裂"，与中心体的图形相联系。

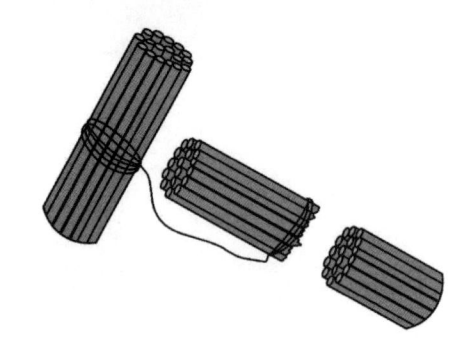

第八章
英语单词的记忆

在很多人的生命中，英语一直扮演着一个很重要的角色。它是在校学生的必考科目之一，也是所有可能涉外工作的职场人的必备技能。我们中的很多人，从很小的时候就开始学英语，而背英语单词这项任务，是英语学习中必须完成的挑战。

在本章节中，我们将一起来探索关于英文单词的记忆策略，有单个英文字母的图像联结，也有基于英语单词构词来源的词根词缀法。每种方法有各自的优势，也有各自的不适用情况，希望不同英文学习阶段的读者都能在其中找到适合自己的方法。

第一节 英文单词怎么记？

英文单词的记忆一直是很多学生的痛点，单词数量繁多，很让人头疼。但换一个角度看，再长的单词也是由最基础的26个英文字母组成的。从我们前文讲到的记忆方法上看，运用记忆法的关键，就在于抽象的字母到形象的图像的转换。

在第四章关于万物定桩的内容中，我们曾提到，由于英文字母的常用性和数量的确定性，可以为26个英文字母编出对应的编码，作为整理记忆信息的"桩子"。此外，编码后，当需要记忆某个字母时，就可以快速地将字母转化为图像。

这里我们来重温一下英文字母的编码库：

A	苹果 apple	J	果汁 juice	S	蛇 snake
B	蜜蜂 bee	K	风筝 kite	T	电话 telephone
C	猫 cat	L	狮子 lion	U	u盘
D	狗 dog	M	妈妈 mum	V	面包车 van
E	大象 elephant	N	鼻子 nose	W	水 water
F	鱼 fish	O	橙子 orange	X	X光 X-ray
G	吉他 guitar	P	猪 pig	Y	溜溜球 yoyo
H	心 heart	Q	女王 queen	Z	斑马 zebra
I	蜡烛	R	草		

这套英文字母的编码库给出了字母和对应形象的文字描述。和所有编码库的使用规则一样，在开始应用之前，先为每一个文字形象匹配具体的图像画面，并尽可能用"心灵之眼"将它生动地展现在眼前。在练习字母编码的初期，在每次使用编码之前，可以在脑海中仔细复习一遍每一个编码的图像，以便在应用时更迅速地转化。

我们来看几组具体的应用，将字母编码应用在英语单词的记忆中。

单词	联想
ant蚂蚁	一群蚂蚁（ant）把苹果（a）搬进门（n），拿了把雨伞（t）又出去找吃的了
bee蜜蜂	用一支笔（b）在两只鹅（ee）的身上画蜜蜂（bee）
zip拉链	一道闪电（z）劈下来点亮了蜡烛（i），蜡烛倒了，烧掉了皮鞋（p）上的拉链（zip）

续表

单词	联想
add添加	一个苹果（a）没法分给两个弟弟（dd），再添加（add）一个吧
sir先生	一条蛇（s）举着蜡烛（i）把草地（r）点着了，就被警察先生（sir）抓走了
rat老鼠	草地（r）里面的苹果（a）被撑着伞（t）的老鼠（rat）捡走了
fox狐狸	狐狸（fox）举起斧头（f）用力砸鸡蛋（o），鸡蛋碎开，里面藏着一把剪刀（x）
buy买	用来装笔（b）的水杯（u）放在商店的架子上，如果想买（buy）需要用衣撑（y）取下来
mom妈妈	妈妈（mom）把两个麦当劳（m）汉堡摞起来，中间还多加了一个鸡蛋（o），做成一个巨无霸汉堡
mix 混合	麦当劳汉堡（m）用蜡烛（i）烤熟后，用剪子（x）剪碎，重新混合（mix）就是一个新的汉堡啦
hot热	天气太热（hot）了，他把椅子（h）上的鸡蛋（o）拿下来放在雨伞（t）下面
die死	弟弟（d）用蜡烛（i）烤鹅（e），鹅就被烧死（die）了

在使用字母编码进行联结时，需要注意的一点是，单个字母的联结，相当于把每一个字母看作一个单独的记忆素材。虽然可以通过我们讲解过的锁链故事等方法记忆，但记忆的效率是很低的，只适用于很短的，只有两三个字母的单词。

几乎没有任何单词量的英语初学者，可以尝试通过这样的方式积累最初的单词量。此外，如果遇到了有特别含义的简短的单词，又比较容易记混的，可以用这样的方式强化记忆一下。在重复过几次，记忆熟练了之后，大脑会在英文单词与汉语含义之间建立直接的连接，这样的连接建立完成之后，面对英文单词或汉语含义，大脑都会直接反应出对应的另一种语言的表达，而不必再回忆具体的故事联结细节了。

第二节　单词的拆分组合
——组块记忆

我们现在使用的汉字，已经经历了漫长的演变过程。但作为象形文字，从许多汉字中还是能够看出所模拟的形象，如"山""火"。一些字则是不同形象的组合。比如，"休"是一个人靠在木头上，表示休息。

英文虽非象形文字，却也存在着这种将不同含义的部分组合在一起，构成新含义的"组字"现象。具体来说，在一个单词的前后加上前缀或后缀就能改变这个词的词义或词性；将两个词组合在一起，就能创造一个新单词。依照这样的规律，我们可以像小学生学习偏旁部首一样，学习英文中的词根词缀。更进一步，如果你不了解如何拆分，或不了解某些词根词缀的意义，还可以利用所学的记忆法直接对英文单词进行拆分和组合联想，帮助自己更好地记忆。

以下是一些将单词拆分开，用拆分后的单词的含义，进行组合联想来记忆单词的案例：

单词	组合	联想
weekend周末	week星期+end末尾	一星期的末尾就是周末
warship军舰	war战争+ship船	战争时期用来战斗的船是军舰
butterfly蝴蝶	butter黄油+fly飞	很多蝴蝶在围着一块黄油飞

续表

单词	组合	联想
raincoat雨衣	rain雨+coat大衣	下雨天穿的大衣就是雨衣
classmate同学	class课堂+mate伙伴	同学是在课堂上一起听课的小伙伴
rainbow彩虹	rain雨+bow鞠躬	下雨之后看到的弯弯的彩虹,是彩虹先生在向大家鞠躬
homework家庭作业	home家+work工作	家庭作业是要在家里完成的工作
passport护照	pass通过+port港口	想要通过港口,必须持有护照这个身份证明
penny便士	pen钢笔+ny纽约	在纽约的一家商场里,钢笔只卖一便士
sunshine阳光	sun太阳+shine闪耀	太阳在天空中闪耀着发出阳光

读到这里,你可能会觉得,这样记忆虽然很便捷,但是能完美地拆分成具体单词的只是少数。某些单词中即使能发现熟悉的一部分,剩余部分却不是一个完整的单词,也不知是如何演变而来的。

的确,英文有自己的文化内核和语言规律,但我们可以运用图像记忆,来达到快速记忆大量单词的目标。对于一些字母组合,可以使用一些其他的方式将它们转化为图像,然后进行联结记忆。比如,我们可以用最熟悉的中文谐音的方式,来进行组块记忆。

这里要注意一点的是,将单词的一部分通过某些方式转化为图像,只是为了帮助记忆,拆分出的成分本身并不真的代表什么含义。在记忆完毕后,在日常的学习中多次练习,多次应用,达到熟练的程度,单词中的图像转化和故事联结就会逐渐消退。当我们的大脑在英文单词和汉语之间建立直接的连接后,单词记忆就真正大功告成了。

下面的字母组合,是单词的组块记忆案例中会遇到的,我们先对它们进行一下图像转化,而后将单词拆分,用来与另一部分进行联结记忆:

字母组合	英文单词	组合	联想
en摁（谐音）	cheapen减价	cheap便宜+en摁	从这条价格曲线可以看出，现在很便宜，如果再向下摁一摁也许减价更多
	enchain束缚	en摁+chain链	把这个人摁在椅子上，用链子缠起来束缚住
st石头（stone）	against反对	again再次+st石头	他再次举起石头扔了过去表示反对
	stable稳定的	st石头+able能够	一颗巨大的石头能够很稳定地立在这里
	stair楼梯	st石头+air天空	在天空中用石头一层层垒起来，就搭成一座楼梯了
ad AD钙奶（代表物）	adage格言	ad AD钙奶+age年龄	一个上了年龄的人喝了一口AD钙奶，然后说出了一句经典格言
	address地址	ad AD钙奶+dress裙子	他把AD钙奶倒在妹妹的裙子上，然后寄到了妹妹家的地址
	adhere黏附	ad AD钙奶+here这里	把AD钙奶倒在这里，导致地面很黏，走过的人都被粘住了
	adjust调整	ad AD钙奶+just仅仅	他仅仅用了一瓶AD钙奶就调整好了一个小朋友的心情
	artist艺术家	art艺术+i蜡烛+st石头	这位艺术家主要的艺术作品就是用蜡烛在石头上画画

第三节 单词也有偏旁部首——词根词缀

英文单词的构词，总体上来说分为三个部分：词根、前缀和后缀。在这三个部分中，词根是单词最根本的部分。词根的选择代表了这个单词的基本含义。如果在一个看似陌生的单词中看到了熟悉的词根，我们可以根据词根的含义大概猜出来这个单词的含义。比如，词根pand有展开的含义。expand展开、扩张，expander扩张器、扩张剂，expandable可扩张的，这几个单词中有着共同的部分pand，由这个基本含义派生出了很多相关的单词。

除词根以外，还有两个关键部分称为前缀和后缀。

后缀加在单词的后面，大部分的情况下，后缀和单词的词性相关，可以大致分为以下几类：

形容词后缀：-ing，-al，-ful

副词后缀：-ly，-wards

名词后缀：-ing，-ure，-ment，-er

动词后缀：-able，-lize

这里列出的后缀只是几个常见的例子。一些后缀有着相应的含义，比如名词后缀-er，通常表示人物，如singer是歌唱家，表示唱歌的人，dancer是舞者，表示跳舞的人。

前缀是加在单词前面的部分，自身带有一定的含义，可以让单词的含义增强或改变。也就是说，同一个词根加上不同的前缀，可能组成含义不同甚至含义相反的单词。以下是几个常见的单词前缀：

con-共同

pre-在……之前

pro-在前，促进，拥护

dis-否定

ex-出，否定，加强

re-重复，相反

in-加强，向内

contra-相对，相反

a-使

de-离，加强，降

相比后缀，前缀的含义可能很宽泛，也可能很狭窄。在日常的英语学习中，可以有意识地进行一些积累，也可以对一些常见的前缀含义进行相应的刻意记忆。在记忆时，单个的字母可以使用字母编码，如果是字母的组合，前缀大多字母较少，可以用字母编码进行联结，也可以用抽象转化的方式整体上转化为具体的图像。比如：

前缀	编码	故事
a-使	苹果	一个巫师施展了魔法，使苹果一下子长大了
de-离，加强，降	刘德华	刘德华想加强自己的体能，就离开了电梯，把电梯降下去给同事们乘坐

从单词的结构来看，如果我们很清楚地知道前缀、词根和后缀的含义，自然也就理解了单词的含义。但一方面，作为非母语的英文学习者，英语的词汇量可能不足以支撑这样的理解方式；另一方面，我们也很难完全把握词缀与词根进行组合时，一些字母和单词的演变。

那么，这样的情况下，我们如何应用词根词缀的规律呢？

从背单词的目标来讲，我们可以尝试从相反的方向进行推理。也就是说，从当下要记忆的单词入手，将单词拆分成几个部分，带有同一词根的单词可以放在一起记忆，如此一点一点积累词根词缀的含义，直到量变产生质变。

以下是一些同根词的例子和一些记忆的方法，考虑到读者对一些词缀可能不熟悉，我们先对几个进行了一些形象转化，运用到了故事中。如果正在阅读的你对这些词缀已经很熟悉了，则可以省略这一步，对单词的词根词缀组合进行直接的理解记忆。

第八章 英语单词的记忆

前缀	词根	后缀	英文单词	故事
a-使	muse缪斯，灵感	—	amuse消遣，娱乐	他拿了一个苹果给缪斯女神，让她自娱自乐
		-ing鹰	amusing有趣的，引人发笑的	他在消遣的时候喜欢和鹰聊天，学鹰的叫声的样子很有趣
		-ment馒头	amusement兴味，娱乐	他拿了一个苹果给缪斯女神，她很有兴味地就着馒头一起玩儿
de-离，加强，降	part部分，分开	—	apart分开地	他用力地使苹果分开成两半
		-ment馒头	apartment公寓	他把分开的馒头分给公寓里的住户（他用力地使苹果分开成两半，然后配上馒头，分给了公寓里的住户）
			department部门	他离开的时候把剩余的馒头分给了很多不同部门的同事
		—	depart离开	他在机场与粉丝们分离，带着部分礼物离开了
—	centre中心	-lize栗子	decentralize分散，疏散	他跑到中间，让正在集中的人群离开，分散
			centralize向中央集中	广场的中间有一颗巨大的栗子很吸引人，使附近的人群都在向中央集中
		-al阿里	central中心的，重要的	身处互联网行业中心的阿里公司是十分重要的
anti-反对（联想：阿嚏！他朝别人打喷嚏，遭到了众人的反对）	—	-body表示人、物体	antibody抗体	他感冒了，一直在打喷嚏，痊愈之后身体里就有了对抗病毒的抗体
	tank坦克	—	antitank反坦克	反对+坦克=反坦克
	bio表示生物	-tic形容词后缀（有时也作名词后缀）	antibiotic抗生素	有人朝他打了喷嚏，他感染了细菌，医生使用抗生素来对抗细菌这种生物
	—	-gen表示"由……产生"	antigen抗原	他拿起一根（gen）鼻咽拭子，反对别人帮忙，自己放入鼻腔内采样，完成了抗原检测，结果过于用力，打了个喷嚏
	virus病毒	—	antivirus抗病毒	反对+病毒=抗病毒

续表

前缀	词根	后缀	英文单词	故事
up向上	stairs楼梯	—	upstairs在楼上	沿着楼梯向上走，就到楼上了
	set放置	—	upset打翻，弄乱	把所有放置好的东西向上翻动一下，就可以把房间弄乱啦
	date日期	—	update更新	他把标有日期的日历向上翻一页，就更新到最新的日期了
	grade级	—	upgrade升级	他立了功，级别被向上提拔，升级为队长了

还有些与长度和质量的单位有关的前缀也值得记住：

前缀	词根	英文单词
kilo-千	meter米	kilometer千米
	gram克	kilogram千克
mill-毫	meter米	millimeter毫米
	gram克	milligram毫克
micro-微	meter米	micrometer微米
	gram克	microgram微克
nano-纳	meter米	nanometer纳米
	gram克	nanogram纳克

通过上面的例子，你是不是对利用词根词缀进行英文单词的记忆有了一定的认知呢？以下同样是一些同根词，请试着自己来记忆一下吧。

词根	英文单词	拆分联想
clud关闭	conclude v. 做决定，作结论	
	conclusion n. 结论	
	conclusive adj. 结论性的	
	exclude v. 排除，除去	
	exclusion n. 排斥，拒绝	
	exclusive adj. 排他的	

续表

词根	英文单词	拆分联想
claim 声称	declaim v. 演说朗诵	
	declamation n. 演说朗诵	
	disclaim v. 否认，不承认	
	exclaim v. 呼喊大叫	
	exclamation n. 呼喊，惊叫	
occur 发生	occurrence n. 发生，出现	
	precursor n. 预兆，先兆	
	recur n. 重新出现，再发生	
	recurrence n. 再次，复发	
dict 说，告诉	contradict v. 反驳，否认	
	contradiction n. 矛盾，否定	
	predict v. 预言	
	prediction n. 预言	
	predictable v. 可预知的	
duc 引领	Induce v. 引诱	
	Induction n. 正式就职，入会	
	produce v. 制造 生产	
	product n. 产品	
	production n. 制造，生产	
	productive adj. 生产的，多产的	
un 否定，联想	unfair adj. 不公平的	
	unreal adj. 不真实的	
	unclear adj. 不清楚的	

第四节　词组记忆

在英语的学习中，有一部分内容让很多学员觉得困扰，那就是数量繁多的词组的记忆。不同的动词和不同的介词组合在一起，产生了更多不同的含义，而同一个动词与不同的介词，或是不同的动词与同一个介词的组合，也让词组变得很容易混淆，对我们的记忆精准度提出了很高的要求。

那么这个困扰，如何通过我们的记忆方法来解决呢？

单纯从记忆方法的选择上来看，这是一个需要两个独立信息之间一一对应的记忆目标，通过联想的方式进行组合记忆就可以满足我们的需要。如果考虑信息点的数量，可以再加上锁链故事法的应用，将多个信息联结在一起。

词组是由动词和介词组合而成，其中，动词的数量很多，含义十分繁杂，但介词的数量是有限的。以下是部分常见的介词，以及它们本身的一些常用含义：

from从……	to到……，向……	at在……	for为了……	after……之后
up上	down下	on上，开	off落下，偏离	over结束，翻转
ahead向前	back回去	away远离，远处	around四周	across穿过
in里面	into到……里面	out外面		

在记忆时，我们可以根据词组与含义之间的联系，将词组记忆分为不同的几类：

● **理解记忆**

在一部分词组中，词组的含义与动词和介词的含义相关性很强，我们可以根据动词、介词的含义或者衍生的含义进行理解记忆。比如：get（得到，抵达），这是一个很常用的动词，它与不同的介词放在一起，就会衍生出不同的含义，这个过程是很容易理解记忆的。

词组	解析
get away 逃跑，走开	抵达+远处=逃跑，走开
get in 进入	抵达+里面=进入
get out 离去，退出	抵达+外面=离去
get on 登上（车）	抵达+上面=登上
get off 下来	抵达+落下=下来

● **组合联想/故事法**

除了可以直接理解记忆的词组，还有很多词组有着全新的含义，与动词和介词原来的含义是完全不同的，这时，我们就需要运用联想能力，将几个看似无关的信息组合在一起，帮助我们完成记忆。

比如，look（看）同样是一个很常见的动词，和look相关的词组也有很多，其中有一些很适合直接理解记忆：

词组	解析
look around 四处看看	看+四周=四处看看
look at 看着，看待	看+在……=一直看着一个地方

但还有一些不适合理解记忆的，如look after 照顾，这个词组的意思与look和after两个单词的字面含义关联性较弱，这时，我们就需要用一个简单的联想故事来帮助记忆：

他看（look）到后面（after）的人突然倒下了，决定照顾他们一会儿。

通过这样联想，我们就可以将组成词组的两个单词的含义与词组的含义联结在一起，从而准确记忆这个词组。我们再来看几个其他的例子：

词组	联想
look for 寻找	他一直在四处看（look），为了（for）寻找一件宝物
look out 注意，当心	他透过窗户看（look）到外面（out）有个人要摔倒，大喊"当心"
look up 查找	他抬头看（look）上方（up）的屏幕，查找列车信息

以下是一些词组记忆方式的案例与分享。可以根据自己阅读后的理解，先尝试自己对它们进行记忆，然后测试记忆效果。在记忆完毕后，可以参考给出的记忆方案，对比优劣势。

动词	词组	故事
call 称呼，打电话	call at 访问	他打电话到一个房间里，和房间里的人说他马上要去访问他们
	call back 回电话	打电话+回去=回电话
	call in 招来	一个警察打电话到警局里面，招来了更多的警察
	call off 取消	他把电话上的听筒放了下来，因为电话会议取消了
come 来	come across 抄近路穿过	来+穿过（草地）=抄近路穿过
	come on 快点（表示鼓励、督促）	他站在台阶上，鼓励下面的小朋友快点上来
	come in 进来	来+里面=进来
	come down 降下，降低	股票价格的曲线来到了屏幕的下面，表示价格降下来了
	come from 来自，出生于	来+从……=来自
go 走，移动	go after 追	警察走在小偷的后面，他努力想追上小偷
	go ahead 进行，开始	他向前走了一步，代表他要开始了
	go away 走开	走+远处=走开
	go on 继续	被对手从擂台推了下来，他走上擂台继续比赛
	go for 去请，去做某事	他走到老师家，为了请老师来讲课

续表

动词	词组	故事
give给	give away赠送	他给远处的人赠送了一份礼物
	give back归还	给+回去=归还
	give in让步，认输	你的对手给你心里制造恐惧感，是希望你能认输
	give up放弃	他给了擂台上的选手一条白毛巾，选手挥舞起来表示放弃
hold抓住，持有	hold back阻止，抑制	抓住+回来=阻止
	hold on握住不放，等一会儿（电话用语）	他抓住电话上面的听筒，和电话另一头的人说等一会儿
	hold together保持（团结等）	抓住身边的人，一起围成圈，保持团结
	hold up举出，展示	他抓住一条横幅，举到头上，展示上面的字
put放置	put in插入，插话	他把银行卡放进插卡口里面，卡就自动插入了
	put off推迟	他放下手机，伸手把提醒的闹钟关掉，因为会议推迟了
	put on穿上	放置衣服在身上=穿上
	put out熄灭（火），消灭	把燃烧的火源放到外面的河里，火就会熄灭了
take拿	take away拿走，带走	拿+远处=拿走
	take back归还，收回	拿+回去=归还
	take down取下，拿下	拿+下面=拿下来
	take in领会，理解	他拿了书，读到心里，就理解了书的内容
	take off拿走，取下	拿+偏离=拿走

第五节　单词中的撞脸怪——以熟记新

在我们上小学的时候，语文老师在黑板上教一个新字，横竖撇捺一点点示范，我们坐在下面，就要反复地写，反复地念。小学生常常要做写字的作业，一个字写一行，几乎形成了肌肉记忆，才能将这个字记住，才能将这个字的每一笔都写在正确的位置。

但长大之后，再遇到不认识的字，几乎只需要看几眼，读几遍，就可以很快记住了，再也不用反复地写上许多遍。

这背后的原因就在于，长大后的我们，已经有了大量的汉字储备。小时候，我们需要一笔一画地记忆每一笔，而现在的我们面对一个新的字，或是着重记忆一下偏旁部首，或是联想一下曾经认识的某个字，只要注意一下不同之处就好了。就像前面章节提到的，记忆的本质是以熟记新。已经储备下的汉字，是我们学习新字的最大帮手。

这对于英文单词的记忆也是一样的。随着英语学习的不断深入，我们要记忆更多的单词，但这并不意味着，每一个单词都要像初学时那样，一个字母一个字母地记忆。通过已经储存在大脑中的旧单词来记忆新单词，再运用记忆法对细节上的不同之处进行联结记忆，这就是最有效的单词记忆法。

● **乾坤大挪移——字母换位法**

在《哈利·波特与密室》这部电影中，有这样一个场景：日记中的伏地魔说，他原名叫"汤姆·马沃罗·里德尔"，但他不喜欢汤姆这个名字，因为实在是太过普通。而他是一个极度自负、渴望不平凡的人，因此他将组成自己名字的字母变换了一下顺序，就变成了"我是伏地魔大人"。

Tom Marvolo Riddle 汤姆·马沃罗·里德尔

I am lord Voldemort. 我是伏地魔大人。

同样的字母放在一起，只要变换一下顺序，就会组成全新的单词。对这些相似的单词进行整理与联结记忆，运用记忆法强化记忆不同之处，可以有效地帮助记忆，同时避免混淆。

在记忆关键的"不同之处"的过程中，根据每组单词的字母变换方式的不同，可以尽情地发挥自己的想象力，不必拘泥于某种规则，只要在最后记得运用形象记忆的技巧，让联想的场景在脑海中尽可能生动清晰就好。

比如，我们已经知道angel（天使）这个词，可以用它来记忆angle（角度）。我们可以看到，不同点在于最后两个字母，angle的最后是le，那么我们的记忆要点就是将这一差异与两个单词的意义都联结起来。通过谐音的方式，"le"转化为"勒"这个动作，进而编一个联想故事：天使（angel）勒（le）马，使马蹄抬起，与地面呈一定的角度（angle）。一个简单的故事画面，就可以将关键信息全部包含在内。最后不要忘记，打开"心灵之眼"，通过想象让自己看到这个画面的真实存在。

我们再来看另一个案例：bread（面包）和beard（胡须），这是一组很容易混淆的单词，关键点在于中间的三个字母排列顺序不同。而如果将这三个字母对应的编码图像按顺序联结，从我们前面讲到的方法来看，是完全可以记忆的，但再加上单词本身的内容，记忆的效率就比较低了，有没有更高效的记忆方式呢？

仔细观察一下这两个单词，我们可以发现，这两个单词中的部分字母，本身就是另一个单词，read（读）和bear（熊），而且它们包含了中间三个关键字母的顺序信息，所以我们可以通过另外的单词，来分别记忆这两个单词。联想故事：一只熊（bear）捋了捋胡须（beard），在阅读（read）面包

（bread）上的字符。

读到这里，你可能会想，这个案例的单词记忆方式，是不是多少有巧合的成分，不是所有单词中都刚好包含其他的单词？

的确，不是所有的单词都这么巧，但记忆法的神奇之处就在于，我们可以通过观察来发现巧合，再加以利用进行联结记忆，也可以在不存在巧合的情况下，通过想象制造出联系，同样可以准确记忆。

以下是一些字母换位的单词案例。我给出了最后的联想故事方案，但没有给联想的过程，所以遇到无法理解的部分，也是很正常的。联想记忆不存在最佳的方案，下面的内容也只是提供一些参考思路。希望每位读者都能找到最适合自己的记忆方式。

单词1	单词2	故事
dear亲爱的	read阅读	亲爱的（dear）小孩喜欢倒立（首尾颠倒）着读书（read）
bowl碗	blow吹	他一口气把狮子（lion）吹（blow）到了碗（bowl）的右边
broad广阔的	board木板	他把木板（board）背到了广阔的（broad）马路（road）上
era时代	ear耳朵	在老鼠（rat）的时代（era），耳朵（ear）的形状是一种艺术（art）
meat肉	team团队	看着别人在吃（eat）肉（meat），他只能组队（team）喝茶（tea）
deer鹿	reed芦苇	一只小鹿（deer）喜欢倒立着吃芦苇（reed）
cheat欺骗	teach教	他用一份吃（eat）的东西欺骗（cheat）了老师，让老师教（teach）他茶叶（tea）的知识
dog狗	god上帝	上帝（god）会魔法，倒立了起来，变成了一只狗（dog）的样子
three三	there那里	从这里（here）到那里（there）有三（three）米的距离

● 我好像在哪儿见过它——熟词比较法

相比字母换位的单词记忆，熟词比较法的思维过程是十分相似的，但它有着更广泛的应用。在积累了一定的单词量后，很容易遇到与旧单词相似的新单词，这时通过和旧单词的联结记忆，不仅可以以熟记新，还可以在这个过程中复习强化两个单词的相似之处，避免应用的时候混淆。

以下是一些熟词比较法的应用案例：

英文单词	比较	故事
hover翱翔，盘旋	cover覆盖+h椅子——翱翔	他把覆盖在椅子上的垫子拿来当翅膀，模仿老鹰在天空翱翔、盘旋
batter连续猛击	better更好+a苹果——连续猛击	想要得到一个更好吃的苹果，只要连续猛击就好了
fasten固定，系紧	fast快+en摁住——固定	一个人想快跑，被摁住固定在椅子上
muddle弄乱	middle中间的+u水杯——弄乱	他把水杯里的水倒到蜡烛（i）中间，把烛台弄乱了
gullet咽喉	bullet子弹+g哥哥——咽喉	一颗子弹打穿了哥哥的咽喉
employer雇主	employee雇员+e眼睛	雇主很富有，喜欢在草地（r）上晒太阳，雇员很辛苦，每天都是晕晕的（ee表示很晕的眼睛）
flag旗帜	flat公寓+g哥哥——旗帜	公寓里住进一个哥哥，喜欢把旗帜贴在窗户上
flour面粉	floor地板+u水杯——面粉	他把地板上的水杯捡起来装面粉
flood洪水	blood血液+f斧头——洪水	血管被斧头割了一下，血液就像洪水一样流了出来
ward守护，病房	war战争+a苹果——守护	在战争年代，一位士兵给了孩子们一个苹果，并承诺一直守护他们
doom厄运，判决	room房间+d弟弟——判决	在那个房间里，弟弟被判决了盗窃罪

续表

英文单词	比较	故事
closet壁橱，小储藏室	close关闭+t伞——壁橱	他进门后把雨伞合上（close），放进了壁橱里

● 单词串记法

在前两个部分中，我们介绍了如何通过旧单词记忆新单词，方法有效，但每次记忆的数量也有限，而单词串记法可以将更多的相似单词串联起来记忆，数量上没有限制，是更高效的记忆方案。

相比于字母换位法和熟词比较法，串记法没有对相似单词的不同之处进行特别的强化记忆，因此单词串记法更适用于单词的复习，而非初次学习。如果在实际的英语单词应用中，遇到了总是出现遗忘或容易拼写错误的单词，还是推荐通过熟词比较的方式对易错的地方进行强化记忆，以达到更为精准的记忆效果。

以下是单词串记法的应用分享。每次串记的单词数量是没有限制的，这里以每组5个单词为例，通过词义进行联想，使用情境故事法来创造一个画面，将几个单词联结起来记忆。

单词	共同点	故事
tend照料 fend保护 bend弯曲 rend撕碎 vend贩卖	以end结尾	没有家人来照料（tend）我，也没有人保护（fend）我，我只好弯曲（bend）着身体，撕碎（rend）了身上的外套，作为材料拿去贩卖（vend），赚了钱来请保镖保护我

续表

单词	共同点	故事
vie竞争 tie领带 cookie饼干 lie撒谎 pie馅饼	以ie结尾	他为了竞争（vie）队长的职位，撒谎（lie）说要穿休闲装，自己却穿正装系上领带（tie），把饼干（cookie）放进馅饼（pie）里发给选民
idea想法 pea豌豆 tea茶叶 area面积 sea海洋	以ea结尾	豌豆（pea）公主有了一个想法（idea），想用铺茶叶（tea）的方式测量海洋（sea）的面积（area）
dumb不能说话的 plumb铅锤 numb麻木的 thumb（大）拇指 crumb面包屑	以umb结尾	一个不能说话的（dumb）人，用麻木的（numb）大拇指（thumb）举起铅锤（plumb），砸着面包屑（crumb）
coat外套 boat小船 gloat心满意足地看 float漂浮 goat山羊	以oat结尾	他穿上了外套（coat），牵着山羊（goat）上了小船（boat），心满意足地看（gloat）漂浮（float）在河面上的树叶
noose绳套 goose鹅 choose选择 loose释放 moose驼鹿	以oose结尾	森林大会中，驼鹿（moose）女王松开了绳套（noose），选择（choose）释放（loose）犯了错的鹅（goose），再给它一次机会
printer打印机 master主人 porter搬运工人 sister姐妹 poster海报	以ter结尾	主人（master）用打印机（printer）打印出姐妹（sister）两个人的海报（poster），让搬运工人（porter）取走贴到墙上

续表

单词	共同点	故事
cater迎合 later后来的 water水 sweater毛衣 crater火山口	以ater结尾	为了迎合（cater）节能要求，后来的（later）人们只好穿上毛衣（sweater）走过雪山，去火山口（crater）烧水（water）
print打印 appoint任命 pint品脱（容量单位） paint油漆 point观点	以int结尾	董事会想任命（appoint）一个新的经理，在打印机里装了一品脱（pint）油漆（paint），把自己的观点（point）打印（print）了出来
relate联系 skate滑冰 state状态 create创造 plate盘子	以ate结尾	一个冰上运动员在滑冰（skate）时创造（create）了一个特别的滑动状态（state），手握盘子（plate）把几个人联系（relate）起来一起向前滑
pine松树 vine葡萄藤 refine提炼 fine高质量的 wine葡萄酒	以ine结尾	她把缠在松树（pine）上的葡萄藤（vine）取下来，从上面提炼（refine）出了高质量的（fine）葡萄酒（wine）
airline航空公司 outline提纲 decline拒绝 underline下划线 deadline最后期限	以line结尾	航空公司（airline）列出了一份声明，在提纲（outline）上画了下划线（underline），表示拒绝（decline）已经超过最后期限（deadline）的退票请求

第九章
长篇文章的记忆

长篇文章一直是记忆的一大难题。文章篇幅长,信息杂,很难用统一的方法进行记忆。如果说大量无规律数字的记忆,是将一种记忆方法运用到了极致,那么长篇文章的记忆则是考验对不同记忆方法的综合运用,需要深入地理解每种方法的技巧,以及它们的适用范围。

虽然长文记忆需要根据具体情况的不同而调整方法,但在长期的实践中,我也慢慢总结出一套有效的记忆流程。

首先,明确记忆目标。在开始记忆之前,我们先问自己一些问题:这是一篇什么样的文章?为什么要背这篇文章?需要达到什么样的记忆效果?

这是抒情散文还是记叙文,是古文还是现代文?最后的效果是需要像考试一样完整、一字不差地默写,还是需要理解内容逻辑,记住关键信息点,回忆的时候文字细节处可以有偏差,又或是只需要记住一些优美的词句,而无所谓整篇的内容脉络?目标不同,即使是面对同一篇长文,在记忆时也会选择不同的方法,才好达到理想的效果。

其次,把握文章结构。一篇长文有着自己的内在表达逻辑,因此,在记忆之前,应先阅读文章,理解整体含义、行文结构,划分出自己要重点记忆的部分,先理解,再记忆。在这一过程中,对于比较形象具体的内容,可以先运用形象记忆法进行图像的想象,而如果遇到陌生的概念、生僻的字词等记忆难点，先查找注释进行理解，或是用记忆法强化记忆，逐个将这些难点消灭后，对整篇文章的记忆也就更自信了。

再次，运用记忆法进行文章记忆。在了解文章结构的基础上，根据自己的理解，将"信息模块"转化为图像信息。它可能是一整句话，也可能是半句话，或是两句话。根据具体的内容量，选择适当的记忆技巧。比如，并列的信息较多时，可以考虑歌诀法；情节丰富，描述性语言比较多时，绘图记忆会很适合；如果有多层次的逻辑关系，记忆之前尝试画一幅思维导图会有助于我们厘清思路。此外，还有万能的定桩法，可以将任何信息整齐准确地按序记忆。

最后，通过回忆的结果获得反馈。检查初次记忆过程中出现的问题，对于容易遗忘或出现混淆的部分再次强化记忆，必要的时候调整记忆方法。这样反复进行检验，直至达到我们的记忆目标。

下面两节中，我们分析中英文两种不同语言的长文，运用一些相对统一的方法，来尝试对案例文章进行记忆。

第一节　现代文的记忆

我和白求恩同志只见过一面。后来他给我来过许多信。可是因为忙，仅回过他一封信，还不知他收到没有。对于他的死，我是很悲痛的。现在大家纪念他，可见他的精神感人之深。我们大家要学习他毫无自私自利之心的精神。从这点出发，就可以变为大有利于人民的人。一个人能力有大小，但只要有这点精神，就是一个高尚的人，一个纯粹的人，一个有道德

> 的人，一个脱离了低级趣味的人，一个有益于人民的人。
>
> ——《纪念白求恩》

这段文字选自文章《纪念白求恩》。教学要求是背诵这段文字，那么接下来，我们就来看一下，如何来进行记忆。

在通读这段文字之后，我们可以了解到，文章是为了悼念白求恩同志而写，这一点从标题中也可以看出。此外，这篇文章也在号召大家向白求恩同志学习。那么，这段文字从内容上可以划分为两部分。第一部分"我和白求恩同志只见过一面……我是很悲痛的"是一段记叙，描述了作者和白求恩同志生前的联系，表达了遗憾悲痛之情。剩余的文字是第二部分，号召大家向白求恩同志学习。

第一部分是记叙性文字，有一定的内容情节，所以我选择用形象记忆法，再加上细节信息的绘图联结。两个小人代表"我"和白求恩同志；中间的眼睛表示见面；白求恩同志上面很多封信和箭头，表示他给我的许多信；"我"下面的箭头和信表示我只回过一封信；问号表示不知道收到没有；裂开的心表示"我"的悲痛。

在记忆的过程中，可以根据文字叙述的顺序进行绘制和记忆。同时，在想象的时候可以增加更多细节，比如为曾经的那次见面假设一个具体的场景，可以是他曾经工作的医院等。打开"心灵之眼"，尽可能清晰地将画面想象出来。

第二部分的内容是号召大家向白求恩同志学习。从文字上看，可以再进一步分为两部分。"现在大家纪念他……就可以变为大有利于人民的人"这部分，表达了白求恩精神以及为什么要学习白求恩精神。三个句子都与"精神"这个关键词相关，因此在画面中间，用一个心形图案代表"精神"。而后从左、下和右侧三个方向，依次画上三个句子其他的关键词。左侧是代表"纪念"的纪念碑，下方在金子上的红叉表示"毫无自私自利之心"，右侧用心连接着人民表示"大有利于人民"。

最后一句话用了排比的句式，从五个方面高度评价了白求恩。五个形容词都是我们熟悉的词，而且需要按顺序记忆，因此很适合运用歌诀法。从每一分句中选取一个有代表性的关键字，"高尚"的"高"，"纯粹"的"纯"，"有道德"的"道"，"脱离了低级趣味"的"低"，"有益于人民"的"益"，组合起来为"高纯道低益"。这句歌诀只有五个字，可以熟读几次尝试直接记忆，也可以进行谐音转化，想象一个具体的形象。比如，谐音为"高唇到低蚁"，意为从高处的嘴唇到低处的蚂蚁，据此可以画出一张很简单的组合图，就可以很容易地记住这句歌诀了。

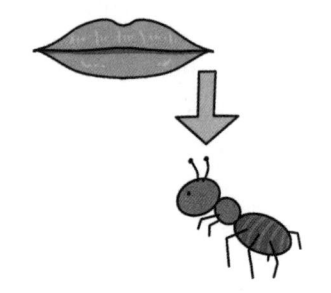

到这里，我们已经分析完了文章的内容，对文章的关键信息进行了整理与记忆。现在，通过看眼前绘制的图形，请在脑中回忆和想象细节更为丰富的动态图，然后尝试将图像信息还原，将文字默写出来。对比默写的文字与原文，对有出入的文字进行更为细节性的强化记忆。

以上的内容详细地讲解了一篇文章的结构分析、记忆方法的选择与实操。读到这里，你对于长文记忆有没有一个自己的理解了呢？在练习的初期，我们可以根据推荐的记忆流程一点点进行尝试，在实际完成了几次文章记忆后，无论是记忆的过程，还是记忆效果的检验与反馈，相信你对整个流程有自己的理解，也会逐渐觉察和养成属于自己的记忆习惯。

第二节　记忆英语课文

对于很多同学来说，如果背课文是一件很头痛的事，那么背英语课文就是一件更头痛的事。为什么英语课文这么难背呢？或者说，背课文的过程中，我们在背什么，常常忘记的又是什么？

在英语文章的记忆中，有两个关键的痛点影响着记忆的效果，一个是句子本身的词语表达顺序，另一个是文章上下文的语句顺序。

一个句子中的词语顺序代表了语言的结构，和词语共同传达含义。比如"我吃了一个苹果"和"一个苹果吃了我"，两个句子所用的词语完全相同，但句子的含义却大相径庭。如何系统地将单词排序组合成有意义的短语或句子，这就要依靠英语学习中老师们反复强调的"语法"。关于英语语法的内容，老师们已经为我们总结出了很多规律。前文提到，存储在长时记忆中的信息，很大部分是通过语义编码实现的，那么对于语法这样规律性很强的信息，理解性记忆是最好的选择。理解了主谓宾的关系，也就记忆下了一句话的词语表达顺序。

那么对于另一个痛点，文章上下文的语句顺序，如何解决呢？

语句的顺序表达作者的想法。如果是有逻辑的部分，可以先进行理解记忆，而如果是没有直接性逻辑关系的内容，就可以用我们讲到的记忆方法，划分文章结构，按照顺序依次记忆。

我们来看两个具体的案例。

● 绘图法

I have just received a letter from my brother, Tim. He is in Australia. He has been there for six months. Tim is an engineer. He is working for a big firm and he has already visited a great number of different places in Australia. He has just bought an Australian car and has gone to Alice Springs, a small town in the centre of Australia. He will soon visit Darwin. From there, he will fly to Perth. My brother has never been abroad before, so he is finding this trip very exciting.

——《新概念英语》第二册

译文：我刚刚收到弟弟Tim的来信，他正在澳大利亚。他在那儿已经住了6个月了。Tim是个工程师，正在为一家大公司工作，并且已经去过澳大利亚的不少地方了。他刚买了一辆澳大利亚小汽车，现在去了澳大利亚中部的小镇艾利斯·斯普林斯。他不久还将到达尔文去，从那里，他再飞往珀斯。我弟弟以前从未出过国，因此，他觉得这次旅行非常激动人心。

这篇文章有着比较鲜明的主题内容，前一半简单介绍了弟弟Tim的情况，后一半讲述了弟弟在澳大利亚的旅行路线。文章内容相对有具体含义，我们可以尝试用绘图法来记忆。

文章主要讲的是澳大利亚，因此我选择了澳大利亚的轮廓图做背景。文章的前一半"I have just... a great number of different places in Australia"是对人物背景的简介，句子结构相对简单。从句子中依次选择可以概括或提示句意的关键词，联结在图中：一封打开的信表示收到的"letter"，大背景的轮廓图表示"Australia"，枫叶、雪花代表秋冬两个季节，表示"six months"，扳手表示"engineer"，工厂表示弟弟工作的"a big firms"。这部分主要通过绘图的方式强化形象记忆，不同的形象之间通过联想的方式联结起来。

文章的后一半，讲述的是弟弟的旅行路线，用汽车和通向中心的马路表示他去了"Alice Springs"小镇，用一个房子表示。而后是"Darwin"这个城市，这个城市与写下《物种起源》的生物学家达尔文有着相同的名字，因此用达尔文的头像表示。接着飞去"Perth"，飞机的图案表示这次的交通工具是飞机，最后用心形表示"exciting"。

在绘制的时候，其实大多数人可能并不了解Darwin或Perth，但既然文章中出现了，可以查一下它们大概的位置。Darwin位于西北海岸，Perth位于西南部。了解真实位置后，绘制路线时也更真实、更有说服力，让自己的内心信服。

通过绘图的过程，我们整理了文章的内容，但我们也会发现，文章中存在一些记忆难点，比如在这篇文章中出现的地名：Alice Springs 艾利斯·斯普林斯、Darwin 达尔文、Perth 珀斯。

我们的母语是汉语，所以在学习英语的过程中，会将英语翻译成汉语，然后才能进行内容含义的理解。从翻译后的名字来看，这几个地名好像很复杂，字数多，而且拗口而抽象，这是因为大多数地名或人名是通过音译的方式翻译成中文的，而中文是单音节，所以需要多个字组合起来才能发出相似的音。与其这样，我们不如直接对原始的英文名字进行观察记忆。Alice是一个很常见的英文女名，著名的钢琴曲《致爱丽丝》就提到了这个名字。Spring有春天的含义。在这里我们很容易进行一个画面联想：一个叫作Alice的女孩在春天弹奏钢琴。再结合这篇文章的绘图记忆，我们可以在脑中想象，这幅图中心那座小房子里，有一个叫作Alice的女孩在弹钢琴，窗外满是象征着春天的绿色。

"Darwin"在上文中提到，可以通过联想生物学家达尔文的形象来记忆。读到这里，你能不能尝试对另一个地名"Perth"做一次联想转化，将转化后的图像加在绘图中呢？

● 地点定桩法

Mr. James Scott has a garage in Silbury and now he has just bought another garage in Pinhurst. Pinhurst is only five miles from Silbury, but Mr. Scott cannot get a telephone for his new garage, so he has just bought twelve pigeons. Yesterday, a pigeon carried the first message from Pinhurst to Silbury. The bird covered the distance in three minutes. Up to now, Mr. Scott has sent a great many requests for spare parts and other urgent messages from one garage to the other. In this way, he has begun his own private "telephone" service.

——《新概念英语》第二册

译文：詹姆斯·斯科特先生在锡尔伯里有一个汽车修理厂，近来他刚刚在平赫斯特买了另一个汽车修理厂。平赫斯特距离锡尔伯里只有5英里，但詹姆斯·斯科特先生没能为他的新汽车修理厂搞到一部电话机，所以他买了12只鸽子。昨天，一只鸽子将第一封信从平赫斯特带到了锡尔伯里。这只鸟只花了3分钟就飞完了这段距离。到目前为止，斯科特先生从一个汽车修理厂向另一个发送了大量订购备件的信件和其他紧急函件。就这样，他开始了自己的私人"电话"业务。

在各种信息的记忆中，地点定桩法一直是比较万能的方法，只要地点桩的数量足够多，可以将任何想记的信息留在记忆宫殿中。

那么我们就来看一下，如何以记忆宫殿为基础，来进行长文的记忆。

首先，我们来确认一下用以记忆这篇文章的地点桩。这篇文章一共有6句话。"The bird covered the distance in three minutes."这句话较简短，将它和上一句话合在一起记忆，因此，我们需要5个地点桩。

在这个房间内，我们依次选择柜子、床头、台灯、玩偶、沙发和地面的角落为5个地点桩。

接下来，我们来分析文章的每一句，选择合适的形象来表达概括，并与地点桩联结。

原文	分析
Mr. James Scott has a garage in Silbury and now he has just bought another garage in Pinhurst.	Silbury和Pinhurst是两个地名，bury有埋葬的意思，pin有大头针的含义，这里用一个埋在土里的修理厂和一个头上扎着针的修理厂表示这句话
Pinhurst is only five miles from Silbury, but Mr. Scott cannot get a telephone for his new garage, so he has just bought twelve pigeons.	这句话有几个关键信息，five miles，cannot get a telephone，twelve pigeons，分别用一个手套表示数字5，用电话上加红叉表示否定，上面飞着12只鸽子
Yesterday, a pigeon carried the first message from Pinhurst to Silbury. The bird covered the distance in three minutes.	这两句话描述的情景很形象，我们可以用一只腿上绑着信件的鸽子来代表，然后用数字编码中的三脚凳表示数字3
Up to now, Mr. Scott has sent a great many requests for spare parts and other urgent messages from one garage to the other.	在这句话中，长长的小票表示订购的订单，用红色的信封表示紧急信函
In this way, he has begun his own private "telephone" service.	这句话信息比较简洁，用一个电话和一个服务员形象的人，表示这项"私人电话业务"

至此，我们分析提炼了每句话的关键信息，而后将这些图像一一与地点桩联结，如下图。

到这里，你大概也发现了，不同记忆策略对文章内容的处理方式也有所不同。在绘图记忆中，我们需要先理解文章内容逻辑，设计合适的图形，而后将文字转化的图像加在图中，但我们在使用记忆宫殿记忆文章的时候，是将每个句子作为了一个相对独立的信息个体，只针对这一部分信息进行形象转化，并没有太多考虑句子之间的内容联系，而后，将这些形象按照顺序与地点桩联结。地点桩的存在可以确保我们在回忆的时候依次提取信息，不会发生句子顺序混乱。

就像前文所说的，地点定桩是相对万能的记忆方案，可以将无规律的信息依次记住，也可以将一些有内容联系的信息当作无规律的信息来记忆。每种方法各有利弊，信息的提炼和形象的转化也从来没有完美的标准答案，在经过尝试与实践后，选择适合自己大脑的、可以有效记忆的方法就是最好的。

下篇结语

下篇的内容讲述了多种不同素材的记忆方案。经过多年实用记忆法的探索与实践，再结合与其他世界记忆大师的交流反馈，我将记忆法总结成了以下几个核心思维：

除了竞技记忆中的随机数字等项目，生活中实际遇到的素材信息几乎都有着自己的内容含义。语义编码本身就是形成长时记忆的主要编码方式之一，因此，面对要记忆的信息，先通读理解，分析其中的逻辑关系，而后再进行记忆为佳。

记忆的本质是以熟记新，而我们大脑中已有的熟悉的信息库各不相同，决定了我们面对不同种类新信息的记忆速度也各不相同，因此对于大脑可以直接记住的信息，不必费力用任何其他的方法。记忆法的角色定位，是一个强大的辅助工具，主要用来解决难以直接记住的内容，比如陌生拗口、内容相似容易记混的文字，或是信息较多容易遗漏的文字。这个时候，记忆法可以强化大脑的记忆。对于一组信息的记忆，没有绝对标准的答案，适合自己的，能让自己的大脑记住的，就是最好的。

任何形式的记忆都需要复习，以此来强化大脑中留存的印象。第一章中，我们提到了记忆的衰退理论。这样的衰退是由大脑天然的生理结构决定的，是任何方法都无法彻底避免的。而为了复习的过程更为高效，我们可以将记忆图像用简洁的方式画在素材旁边，或者整理出一个单独的图像笔记，在复习时根据留下的图像还原信息。如果有什么遗忘的，可以直接在原来的记忆图像基础上进行补充，强化记忆。

附加篇

| 第十章 |
世界记忆大师的修炼之旅

第十章
世界记忆大师的修炼之旅

第一节　竞技记忆赛事

竞技记忆脑力运动是一项十分有趣的也很有价值的运动。在很长的一段时间内，虽然许多大脑俱乐部和脑力运动小组通过不同的形式举办了一些非正式的比赛，但这些比赛缺乏统一的竞赛模式和评比规则，所以记忆运动一直没有受到广泛的关注和重视，只在记忆爱好者的小群体中得到支持。

直到1991年，东尼·博赞先生和国际象棋大师雷蒙德·基恩爵士共同发起了第一届世界记忆锦标赛。世界记忆锦标赛每年举办一次，由世界记忆运动理事会（WMSC）组织。该理事会是记忆运动的管理机构，它编制并管理参赛选手的世界排名，由八届世界记忆冠军多米尼克·奥布莱恩（Dominic O'Brien）担任道德委员会的主席，确保全球赛事的公平性。

世界记忆锦标赛设立了一些特定的比赛项目以及评分标准，这些项目组成了竞技记忆比赛的项目框架，由此在世界范围内被采纳为竞技记忆比赛的项目基础。世界记忆锦标赛所制定的统一标准，使记忆比赛得以在各个国家以具有公平性的形式举行。符合WMSC规则标准的比赛产生的赛绩，均可以被列入世界排名。

赛事发展至今，已经有三十余年的历史，赛制体系也逐渐成熟。时至今日，已有来自30个国家的选手参加这项赛事运动。构成第一届世界记忆锦标赛的十个竞技项目，发展到今天基本上没有太大的变化，它们被称为竞技记忆的十大经典项目，分别为：人名头像（Names & Faces）、二进制数字（Binary Digits）、历史事件（Historic Dates）、随机数字（Random Numbers）、随机扑克（Random Cards）、抽象图形（Abstract Images）、随机词汇（Random Words）、快速数字（Speed Numbers）、快速扑克（Speed Cards）和听记数字（Spoken Numbers）。

这十个项目中，有三个项目（随机数字、随机扑克和二进制数字）会根据赛事规模的大小而有所调整。一般来说，在世界级别比赛中，会选用长时模式，随机数字和随机扑克都需要1小时的记忆时间和2小时的回忆时间。而在全国范围的比赛中，可能会选择短时模式，记忆时间会缩短到0.5小时。如果是更小范围的城市赛，记忆时间可以缩短到10到15分钟。具体的赛事模式会由主办方根据参赛选手的人数规模和竞技水平来决定。

从比赛内容上来看，记忆的信息包含无规律的数字和扑克牌、没有任何意义的抽象图形、随机排列的词语，以及虚拟的事件信息等，从各个层面考验参赛选手的信息处理能力。而一个小时的长时记忆项目，以及每秒钟播放一个数字的短时听记数字项目，更是考验选手的记忆速度和记忆持久性。

赛事吸引了众多选手来参加。高水平的选手在赛场上进行激烈的比拼，也在刷新着比赛项目的世界纪录。由于世界记忆锦标赛的权威性，比赛产生的世界纪录将直接计入吉尼斯世界纪录，无须另外审核。

在世界赛中，设置了"国际记忆大师"（International Master of Memory, IMM）、"特级记忆大师"（Grandmaster of Memory, GMM）和"国际特级记忆大师"（International Grandmaster of Memory）三个终身荣誉称号。随着赛事的发展壮大，参与记忆运动的选手逐年增加，世界纪录也在不断被刷新，"世界记忆大师"的标准因此不断提高。目前最新的标准如下：

（1）1小时内正确记忆14副乱序扑克牌；

（2）1小时内正确记忆1400个随机数字；

（3）40秒内正确记忆1副扑克牌；

（4）完成WMSC计入赛事成绩的十个项目，总分达到3000分。

前三项要求可以在多次比赛中达到，但1小时的长时记忆项目几乎只存在于每年的世界记忆锦标赛全球总决赛中，因此必须在总决赛中达到。截至目前，全球的"世界记忆大师"数量不足1000位。"特级记忆大师"和"国际特级记忆大师"的荣誉，除了以上的几个要求，对选手参赛所获得的总成绩提出了更高的要求。"特级记忆大师"称号授予在世界记忆锦标赛全球总决赛中，总分达到5500分的前5名选手，"国际特级记忆大师"荣誉则授予在总决赛中总分达到6500分的全部选手。目前，全球只有30余位"国际特级记忆大师"。

此外，亚太记忆锦标赛（亚太赛）中，设置了"亚太记忆大师"的荣誉。亚太赛的长时记忆项目时长为半小时，根据赛制的不同，设置了相应的标准，达到要求的选手才可获得荣誉。

相对于世界记忆锦标赛对选手的高要求，近些年，WMSC增设了"认证记忆大师"（Licensed Master of Memory，LMM）的等级标准，分为1~10级。认证赛有点类似于专业考级，会在不同城市的记忆俱乐部里举办。"认证记忆大师"的每个级别设置了不同的标准，同时达到每个等级所有标准的选手，将获得相应的记忆技能水平认证。等级的难度标准循序渐进，很适合竞技记忆的初学者借此锻炼自己，并积累赛场经验。

记忆运动一直在向前发展，根据选手群体不同，世界记忆运动理事会和亚太记忆运动理事会，在常规的世界记忆锦标赛、亚太记忆锦标赛和各国记忆公开赛以外，也增加了一些新的比赛。比如，亚太学生记忆锦标赛主要面向在校学生，希望通过记忆竞赛的普及，将记忆方法和校园的学习内容相结合，弘扬脑力奥运精神，帮助学生高效学习。亚太学生记忆锦标赛在赛事项目上增加了象形文字记忆、单词淘金记忆和古诗词记忆等特别项目，也设立了"学生脑力大师"等认证标准。

除了世界记忆运动理事会标准下的比赛，近些年也出现了很多其他赛事，如记忆九段世界杯赛、环球记忆锦标赛等。每个赛事有着自己独特的项目和规则，选手们可以根据自己的喜好选择参与。

你敢想象，自己成为下一个记忆冠军吗？

"学习智力"共有五项，分别是快速阅读、智商、创造力、思维导图和记忆力，它们是高效学习的秘诀，可以帮助人们在学习或工作中变得更好，也分别对应一种竞技运动。

其中，竞技记忆是一项人人都能参与、没有任何限制的运动。参赛选手会根据年龄分为四个组，分别为儿童组（12岁及以下）、少年组（13—17岁）、成年组（18—59岁）和乐龄组（60岁及以上）。年龄的计算按照国际惯例，以当年的年份减去出生年份所得数字来划分组别。

事实上，没有哪个顶尖选手会说，自己的好记忆力是天生的。他们每一个人都是学习了所有需要的记忆技巧，并经过反复练习，达到一个很高的水平，如此才成为竞技记忆运动中的顶尖选手。既然并非天赋异禀，就代表现在在读这段文字的你，也是可以做到的，为什么不给自己一个开始的机会呢？

第二节　我的世界记忆大师之路

你好，我是戴昔，一个平凡的实验室打工人。

说起记忆力，我觉得自己天生的记忆力算是还可以，大概中等水平，没有差到常常为此发愁的程度，也没有好到天生就能够过目不忘，虽然我会把"我转身就忘了"这样的话挂在嘴边，但是反复背、反复练的东西也能记得住。在很小的时候，我背了很多国学经典、唐诗宋词，如《中庸》《大学》等。那个年纪可能也根本不知道这些东西讲的是什么，就是靠着"重复"这个最基础也有效的记忆方法，反复读几遍，把它们记了下来。

在高中时，学校举办了校园吉尼斯记忆挑战赛，我抱着玩一下的心态报名了听记扑克。当时的我没有任何记忆技巧，就用死记硬背的方法，强行记下了14张牌，获得第二名。高中时期的一场校园记忆赛，让我和竞技记忆有了一次邂逅，短暂的接触过后，我回到了日常的学习生活中，随后的高中生活也并没有因为这场记忆赛而发生什么变化。高考结束进入了大学，一切都是按部就班地进行着。大学里学术氛围浓厚，药学专业大约也算得上是"年年期末似高考"的专业，每天的生活就是奔波于教学楼、实验室和寝室之间，三点一线，上课、实验、实验、上课……

● 结缘文魁大脑

2015年年初，偶然间在电视上看到《最强大脑》这个节目，当时的我切切实实地被震撼到了。"蜂巢迷宫""碎颜修复"，错综复杂的迷宫、支离破碎的照片，光是看题目就已经让我眼花缭乱，看似不可能完成的任务，选手竟然挑战成功了，更是让我无比震惊！竟然真的有人可以在这么短时间内记住这么多信息，他们是怎么做到的？

那时的我按照自己对记忆力的理解、自己记东西的经验，以及对自己记忆能力的评估，去推理猜测选手们的能力，得出的结论只能是：这些选手们天赋异禀！现在看来，当时的我就像是不可语冰的夏虫，限于自己仅有的认知，去理解并不了解的内容领域，最后得出了不准确的判断。

对节目的喜爱，让我不厌其烦地一遍遍观看。在不知第几次重复地看节目时，我才注意到一位选手的一句话，大意是他和来挑战他的人是一个训练班的，我才惊觉：原来这样的记忆能力是可以训练的！

在强烈的好奇心驱使之下，我开始着了魔似的在网上四处搜索高效记忆的相关信息。重新整合零散的信息之后，记忆界的轮廓渐渐清晰，在这一过程中，我第一次知道了袁文魁。

袁文魁老师是国内比较早期参加记忆比赛并获得"世界记忆大师"称号的选手，同时也是一位很出色的教练。他的学生包括当时国内唯一一位世界记忆锦标赛总冠军王峰，以及参加《最强大脑》节目的选手的老师。带着敬畏与期待、好奇与疑惑，我去听了袁老师的公开课。几节公开课下来，我深深地被文魁大脑的记忆法课程所吸引，我想更深入地学习记忆法。

愿望很美好，现实却很残酷。我想去上面授的记忆课程，想去参加备战记忆比赛的集训营，可是袁老师在武汉，我在沈阳，相距将近两千公里。还有一个更大的问题是，课程费用对于我这个没有收入的大学生来说，实在是一笔巨款。

但我不想放弃。因为不想放弃，我一面参加现有的网络课程，一面开始寻找解决办法，几番衡量之下，我选择了周末为中学生做家教以赚取资金。初期一小时只能赚几十元，在能力得到认可之后，每个月大约有上千元的收入，而我的室友却觉得我疯了，曾以一张严肃的脸问我："你是不是误入传销了？"我只好无奈地笑笑。

有一天，我看到袁老师要来北京开课的消息，这让我觉得，就是这期课了，我是应该去的！那段时间，我每天都很忙，忙着上课，忙着赚钱、攒钱，忙得没时间担忧，也没时间去想值不值得，如此前前后后忙碌了小一年的时间，北京之旅才终于成行。

● 武汉集训

在北京的几天面授课程，忙碌而充实，也让我对记忆法有了一个系统完整的认知。在短期的记忆课程结束之后，我能感觉到我和它的缘分远远没有结束，我将目光放在了21天的武汉暑期记忆集训营上。在课程结束后，我参与了集训营的入营面试，并幸运地入选了。

为什么说是幸运呢？因为袁老师的考核标准比较随性，没有很明确的可以量化的指标，而且对比后来几年，那年是最后一次给出较多名额的。从短期面授课班入选暑期集训营，我几乎可以说是搭上了末班车。而且，在经历了独自来北京上课这件事之后，武汉似乎也变得不那么遥远了。2016年的暑假，我带着憧憬而兴奋的心情，第一次来到武汉参加了暑期集训。

暑期集训课程详细讲解了世界记忆锦标赛的相关内容，包括项目内容和规则，如何进行记忆练习，怎样为自己制订训练计划，如何调节自己的心理状态等。每天过得很充实，而且在一个比较陌生的地方，没有其他人或事来分散注意力，全身心地投入记忆训练中，也让我感受到了一种特别的专注感。

当然，集训的过程也有着比较无奈的一面。比如，8月份的武汉是真的很热，特别对我这个土生土长的北方人来说，那是一种从来没有经历过的酷热，无论是白天还是晚上，走在路上，感觉好像随时随地都置身于一个巨大的蒸笼里，热得无处可逃。

就这样痛并快乐着，21天的暑期集训很快就结束了，在结营的时候，看着自己现有的训练成绩,再看看"世界记忆大师"的成绩标准,我知道我还有很长的路要走。那时我突然想到了一句话:这不是一个结束,而是一个开始。这句话我很早以前就听说过,但听过一句话,并不等于真的理解,直到遇到一个十分恰当的应用情景,才真正明白它的含义。

● 走上赛场

暑期集训结束了,作为一个正在读书的大学生,我无法做到用半年或者一年这样长的时间,全身心投入训练,我还要按时上课,完成考试,才能在未来顺利毕业,所以尽管羡慕有时间可以留在基地继续训练的伙伴们,我还是离开武汉返回了学校。

回到学校,我开始尝试进行自主训练。那一年我正上大三,专业课很多,实验课更多,从周一到周六,可以自己支配的零碎时间加起来,大概只有半天,而我大约有些完美主义倾向,总想把每一件事都做好,当现实的结果和理想的目标差距太大时,心里不免滋生出焦虑和浮躁。

10月份的城市选拔赛,我的成绩只有2400多分,可是在暑期集训的结营测试中,只测了十个经典项目中的八个,我就已经有2100多分了。在城市赛中,即使是我擅长的人名头像、随机词汇等单项,成绩也不如集训时期。可以说,经历了更长时间的练习,成绩却不升反降。诚然有初入赛场缺少比赛经验的原因,但现在看来,更多的是训练效果不佳,心态浮躁和焦虑。比赛时完全不在自己的节奏上,成绩差是必然结果。

虽然成绩在我心里是不理想的,但按照全国排名,我还是晋级了中国赛。这是一个好消息,但是一个更大的坏消息摆在我面前——赛事和学习课程时间撞车,我无法按时去参加中国赛。虽然内心感到万般无奈,却也只能这样忍痛放弃了第一次中国赛的机会。决定放弃的那天,我一个人看着窗外出神了很久，没有感到暂时放下的轻松，而是暗暗下决心：虽然我的2016年比赛结束了，但记忆之旅才刚刚开始。我对自己说：既然没有几个月的时间专心训练，那么就用持久恒常的积累式训练来代替短时间的专注训练吧！

● 再战深圳

带着2016年的遗憾，2017年伊始，我就开始给自己安排恢复训练。3月份开学后，每天白天上完专业课，晚上就留在教室，或者去图书馆，找一个僻静的角落，再戴上一顶帽子，至少练上3小时，练完之后再复习专业课，尽量把有限的精力优先安排在训练上。开始时，我总担心在桌子上摆满扑克牌会被围观，后来证明这着实是自己想太多。一是别人并没有那么大的好奇心来关注你；二是时间已经很紧张了，投入训练还来不及，哪有工夫去考虑别人怎么看？即使有人路过时投来疑惑的目光，我也只是回以一个简单的微笑。

半年的自主训练，加上暑期第二次前往武汉进行集训，让我没有了前一年的慌乱，几乎是十分期待10月份开始的城市赛。城市赛赛区分布在全国，出于便利，我在大连参加了城市赛。起初，我非常有信心能入围中国赛的。但当比赛到最后一个项目快速扑克牌时，我两轮比赛竟全部失利。这给了我一个沉重打击，但也带给我一个重大的提示：我的快速扑克牌比赛策略需要调整。事后忆起，着实意义不凡。

在日常的训练中，快速扑克牌项目我一直都是只记一遍，这样能拿到一个用更短时间完成记忆的成绩，而且按照我的练习，只记忆一遍我就可以全部记住。但在比赛时，第一轮我看错了一张牌，是看错并不是记错，所以当时我以为第二轮只要在看牌时再注意一些就可以了。但第一轮"没能成功复牌"带来的心理压力远比我想象的要大，在第二轮比赛时，我在记忆过程就已经出现了情绪波动，回忆时脑海里更是找不到刚才的记忆信息，只有大片大片的空白，比赛结果也就可想而知。

赛后，几位前辈听说了我的经历，都来建议我，第一轮一定要看两遍，保证能够正确回忆所有的信息，这样第二轮才能放松，去冲刺更好的成绩。看到我情绪低落，他们还提醒我说："快速扑克牌不是一个普通的项目，是'世界记忆大师'的标准中，对单项成绩提出了特别要求的一个项目，幸好，这个问题提前发现了，没有直接发生在最后的世界赛。"带着这次宝贵的失败经验，以及其他项目拿到的八块奖牌和十项全场总亚军的成绩，我回到了学校里。经过比赛策略的重新调整，在后面两场更为关键的比赛中，我在快速扑克牌项目上就再也没失误过了。

再来到大连大概是一个月后。那年的全国赛也是在大连举办，天气寒冷。我一面紧张于长时项目准备不充分，一面安慰自己按照现有的名次应该可以晋级。事实上，那是我第一次在赛场上参与半小时记忆时长的随机数字项目，然后出现了大面积失误，而具体情况直到现在我也不是十分清楚。平时练习的成绩是记忆960个数字，正确的数字在700个以上，而比赛结果竟然只正确回忆了不到300个。可能是技巧问题，也可能是心态问题。这个项目上的失利直接导致我的名次跌落了许多。庆幸的是，其他九个项目的发挥还算稳定，按照总分排名，最后我还是成功晋级了。

如此坎坷惊险的经历，让我在到达深圳参加全球总决赛时，心态已然平静了许多。在最后一个快速扑克牌项目结束后，我的成绩有惊无险地达到了"世界记忆大师"的全部要求，拿到了荣誉称号。但当时我并没有想象中的激动与兴奋，大概是经历了诸多困难后，面对早已想到的结果，只要平静地接受就好了。

第三节 大师后生活

日复一日的练习与坚持，让我终于圆梦深圳世界赛，收获了"世界记忆大师"这个荣誉称号。很多人好奇，在成为世界记忆大师之后，我的生活是怎样的，有没有发生什么变化。一个听起来很高级的称呼，大约很容易让人联想到一些夸张的画面。鲜花掌声？荣誉加身？自此走上了人生巅峰？都没有。

事实上，世界赛后的第二天我就赶回了学校，没有什么放松，也没有什么庆祝活动。原因很简单，临近学期期末，我得准备期末考试了。在参加完世界赛之后的一年多里，很多一起备赛的伙伴进入了记忆行业，从事相关的组织工作、培训工作等，而我则继续着我原本的大学生活，上课，做实验。临近大学毕业，我考虑着怎样做毕业设计，完成毕业论文。

那个时候，我接触记忆法已经有两年多的时间了，无论是实用记忆还是竞技记忆，都积累了一些自己的应用心得。可以说，我最初是将目标放在记忆法对学业的帮助上，但经历了竞技记忆的练习，才感受到二者相辅相成达到的更好的效果。记忆比赛中，要大量精准记忆无规律数字，这看似是一件没有什么意义的事儿，但这个反复运用最基础的素材进行记忆练习的过程，却能大幅提高脑海中想象出静态图像或动态画面的清晰程度，也大幅加快了抽象信息的转化速度。可以说，通过竞技训练的过程将记忆法的基本功练得比较扎实，在这个基础上，将记忆技巧运用到日常生活中，自然也就获得了实用记忆能力的提升。

大学毕业后，我选择了出国读研。十几个小时的航程，将我带到地球的另一边，说着另一种语言的全新国家，繁荣商圈和平静乡村结合的全新城市，古朴精致也十分现代化的全新学校，我也开始了全新的读研生活。

平静的生活也有着不平静的一面。因为我去的国家是英国，那里是世界记忆锦标赛创始人们的故土，是记忆运动的发源地，首都伦敦更是每年都会举办记忆竞赛。虽然离开竞技记忆的赛场也有很长一段时间了，但内心依然对它葆有一份热爱。我报名参加了英国记忆公开赛，学习之余，开始了恢复性的竞技记忆训练，希望重新站到赛场上时，还能拿到一个好成绩，我还满心期待着，可以在6月份英国记忆公开赛的赛场上见到博赞先生，和他聊聊我的经历和感悟。

但世事无常，那一年的4月13日，世界大脑先生东尼·博赞在伦敦自己的家中停止了心跳，享年77岁。在英国记忆公开赛的开幕式上，雷蒙德·基恩爵士特别缅怀了他的挚友。

通过赛前一段时间的突击训练，我尽可能让自己恢复到了曾经的竞技状态。那场英国记忆公开赛中，我拿下了七枚奖牌，获得十项总亚军。

虽然没有在记忆行业全职工作，但它一直是我最大的爱好。可以说，记忆法三个字对我来说已经不仅是记忆的技巧，它代表了一个行业、一些事件和一群人。我持续关注着行业内的消息，后面几年，看到哪里有举办记忆比赛，如果时间合适，就抱着玩儿的心态去参加一下。此外，空余时间我会协助俱乐部做些助教的工作，或是在一些场合分享自己的经历等。总结起来，大概就是在我按部就班的学业生涯中，偶尔去记忆圈里转一转，和圈内的好朋友交流聚会，顺便做个兼职或者比个赛，玩儿得不亦乐乎，然后回到医药行业继续我的工作，生活也归于平静。

算算时间，从我拿到"世界记忆大师"的荣誉开始，到现在不知不觉间已经过去了近六年的时间。这六年间，我经历了大学毕业、出国读研、研究生毕业回国后进入中科院，而后进入企业做药物研发等大事。从我按照自我的意志开始生活起，记忆法就一直陪伴着我。

由于科研工作的特殊性，无论是在校期间还是工作期间，持续不断地学习是生活的常态，而有着记忆法加持的我，在时间的积累下，也逐渐养成了属于自己的学习习惯。而在这个过程中，记忆法已经融入我的血液。在需要记忆的时候，我会很自然地对信息进行对应的转化，调动起我觉得合适的记忆方法，快速高效地记忆。

出于日常的工作习惯，我很好奇这种神奇的记忆方法，在科学上是如何定义和解析的，为此，我查询了一些认知心理学、神经科学相关的书籍和文献，将记忆方法的应用和科学家的研究成果结合着进行理解，感受到记忆方法中的一些应用技巧背后，都有着符合与顺应大脑生理功能特点的巧思，是来自记忆法前人们的智慧。

回顾这些年的记忆之旅，它带给我的除了记忆技巧的提升以及在记忆力上的信心，更多的是心灵上的修炼。

记忆的过程，几乎只发生在大脑里，这个过程除了自己，别人是完全看不见的，而最有可能影响记忆效果的，不是方法的应用技巧，而是自己心绪和思绪上的波动。这样的影响，在赛场的紧张氛围中会被无限地放大，这也是为什么在赛场之上，大多数选手往往无法完全发挥出平时训练的水平。一瞬间的紧张，甚至可以让选手将记忆好的信息全部忘掉，影响到一整个项目。

这样的情况可能发生在任何一个选手身上，即使是最顶尖、最资深的选手，也会因为心理状态不稳而出现失误。在世界记忆锦标赛严苛的评分规则下，一个满分为1000分的项目，最后得分为0也并不罕见。因此，在学习记忆技巧时，另一个重要的训练科目是调节自己的精神和心理状态，即使是氛围紧张如世界赛一般的场合，也要让自己尽可能平静下来。

面对自己的情绪，也是需要一点勇气的。所幸的是，文魁大脑这个大家庭让我倍感温暖，也让我学会相信和接纳自己。在武汉进行集训时，袁老师经常带着大家一起进行正念冥想，对于曾经影响着自己的人和事，对于当下出现的各种情绪，一件一件，与它们共存，与自己和解。

　　经过这样的练习，我也学着在生活中随时觉察自己的情绪。在这个过程中，我感受到了自己的变化。我一直是个很内向的人，曾经的我，如果身处一个陌生环境，可以做到一整天不说一句话。我想把自己变得隐形，悄悄地听别人谈天说地，但不想别人发现我的存在。现在的我依然内向，但别人问我些什么，或是他们自己在聊什么时，我时常也想试试插个嘴，闲谈几句。曾经我参加一个简单的随堂小测验，可能也会心砰砰跳上好几下，而如今，在全球总决赛上，我却淡定地想要踩点入场。

　　从另一个层面看，在学习记忆法的这些年，我有了一段特别而完整的经历，完成了一件看似不可能完成的事，而且完成得很好。其实这段经历总结起来也十分简单，遇上一位好的老师，学会正确的使用方法，再加上持续不断地练习。

　　这句话听起来很像是鸡汤，但是在亲身经历过后才明白，这就是生活的真相。这并不是什么新鲜的词句，但当我自己能够总结出这几句简单的描述，我才真正理解了它。

　　做好一件事，专注是关键，心态是基础。人生的路途很长，一时的光芒终会消散于无形，而一直陪伴我们走下去的，是过往的经历沉淀而来的心境。这趟记忆的旅途没有终点，我还会继续前行。我亦坚信，心灵的磨炼，最后都会化作最难忘的记忆。

后 记

终于写完了。

学习和实践记忆法这么多年，一直想将自己的经验分享出来，但是一再地被生活中更重要或者不重要但紧急的事情占据着时间，一件事就这么一拖再拖。

这一次，也是一个很偶然的机会，让我开始了关于记忆法的写作，并将它放在工作时间外第一重要的位置。为了完成它，我放弃休息和娱乐的时间，仿佛回到了当年在学校内一个人备战记忆比赛的时光。

关于背东西，可能大家或多或少都接触过一些技巧，或是有自己独到的经验和习惯，而这本书尝试将零散的碎片拼回最初那张完整的图，希望您读完之后，对于记忆这件事有一个全面而系统的认知，面对任何需要记忆的内容时，都因为了解过事情的全貌而充满应对的信心。

记忆术不是魔法，我更愿意称它为一个强大的工具，同时，也是一个有着极强可塑性的工具。因此，无论最终的目标是什么，在应用之前，我们首先需要将它塑造成一个最合自己手的样子。万事开头难，而我十分希望，刚刚读完这本书的您，让当下这个时间点，成为一个新的开始，去应用、实践，通过结果获取反馈，带着记忆法一起，跨过横在知道和做到之间那个名叫"练习"的最大鸿沟。

在开始写之前，我一心想着要将我积累下的最好的内容讲给您听。面对读到这里的您，我真诚地感谢您选择了我，也感谢在此书的内容创作和出版过程中，鼓励和帮助过我的良师益友们。

感谢袁文魁老师对我的支持和帮助，带我走进了记忆的世界。感谢文魁大脑俱乐部的各位伙伴们数年的陪伴，让我感受到一个大家庭的温暖。感谢"百日十万字"挑战营让我的写作有了一个开始的契机。感谢石伟华老师的耐心指导，感谢挑战营伙伴们的长久支持，更感谢本书编辑郝珊珊老师的信任，让写一本书的梦想照进现实。

我用半年的时间写完了近十年在记忆法道路上的积累，而通过书这个媒介，我希望让记忆法帮助更多人。一路走来，我得到了很多人的支持与帮助，现在，我亦希望可以将这份力量传递下去。

经验持续积累，优化没有止境。如果在阅读的过程中发现内容上的问题，或是对方法的具体应用存在困惑，抑或是希望找到同频互助的伙伴，都欢迎您随时与我联系（邮箱：daisy_imm@163.com、微信：daisyimm、微博：@戴昔的小屋），我时刻期待着与您的联结。

戴昔

2023年2月28日